그동안 무심히 지나쳤던 풀들을
다시 한 번 들여다보는 계기가 되면 좋겠습니다.
또, 여기 소개된 나물들로
맛있는 시간을 가지면 좋겠습니다.

땅의 기운 가득 머금은
한살림 나물이야기

산들밭 나물이야기

한살림

산 들 밭 나물이야기

1판 1쇄 펴낸 날 2015년 7월 30일
    2쇄 펴낸 날 2015년 8월 24일
지은이 김주혜, 유지원
세밀화 박혜영
펴낸이 김성희
펴낸곳 도서출판한살림
기획 한살림소비자생활협동조합연합회 홍보부
편집 장순철, 문재형, 박지애
요리 한살림요리학교 채송미, 강미애, 백정선
사진 김재이, 류관희
디자인 이아림

출판신고 2008년 5월 2일 제2015-000090호
주소 서울시 서초구 서운로 19, 4층
전화 02-6931-3612
팩스 02-6715-0819
이메일 story@hansalim.or.kr

ⓒ도서출판한살림, 2015
ISBN 978-89-964602-6-8 (03810)

*이 책은 재생종이로 만들었습니다.
*이 책의 무단 복제와 전재를 금합니다.
*잘못된 책은 구입하신 곳에서 바꾸어 드립니다.
*책값은 뒤표지에 있습니다.

이 도서의 국립중앙도서관 출판예정도서목록(CIP)은 서지정보유통지원시스템
홈페이지(http://seoji.nl.go.kr)와 국가자료공동목록시스템(http://nl.go.kr/kolisnet)에서
이용하실 수 있습니다.(CIP제어번호 : CIP2015016239)

산 들 밭 나물이야기는
지구환경을 생각해 형광물질을 사용하지 않은 재생종이로 만들었습니다.

· 2011년 6월부터 2014년 12월까지 한살림연합 소식지에 연재한 〈나물이야기〉를 담았습니다.

· 2012년 5월부터 2015년 1월까지 〈나물이야기〉를 연재한 김주혜 조합원은 한살림청주생협 이사장을 지냈고 산나물과 산야초에 관심과 애정을 가지고 오랫동안 야생초 모임을 꾸려 왔습니다.

· 2011년 6월부터 2012년 4월까지 〈나물이야기〉를 연재한 유지원 님은 유양우·차재숙 충북 영동지역 생산자 부부의 딸로 〈나물이야기〉 연재 당시, 뜸을 뜨고 농사짓는 삶을 꿈꾸며 고등학교에 진학하지 않고 집에서 가족들과 함께 공부했습니다.

· 세밀화를 그린 박혜영 조합원은 따뜻한 느낌이 묻어나는 그림을 좋아합니다. 아들 산하를 기르는 데 힘쓰고 있으며 다른 이의 시선에 신경 쓰기보다는 조금 엉뚱해 보일지라도 재미있는 일상을 살아가려고 합니다.

· 한살림연합 소식지에 실었던 요리 중 나물 관련 요리를 담았습니다. 더 많은 요리는 yori.hansalim.or.kr에서 볼 수 있습니다.

목차

《산 들 밭 나물이야기》를 펴내며

산에서 나는 나물

다래순 14 / 두릅 16 / 비비추 18 / 삽주나물 20 / 오갈피나무 22 / 우산나물 24 / 원추리 26 / 잔대나물 28 / 짚신나물 30 / 참나물 32 / 초롱꽃 34 / 풀솜대 36

들에서 나는 나물

가막사리 40 / 구기자 42 / 개망초 44 / 괭이밥 46 / 광대나물 48 / 꽃다지 50 / 달맞이꽃 52 / 명아주 54 / 민들레 56 / 방풍나물 58 / 별꽃 60 / 쇠무릎 62 / 쇠비름 64 / 왕고들빼기 66

밭에서 나는 나물

고구마와 고구마줄기 70 / 고들빼기 72 / 고사리 74 / 곤드레 76 / 냉이 78 / 달래 80 / 더덕 82 / 대보름나물 84 / 돌나물 86 / 머위 88 / 무말랭이 90 / 무시래기 92 / 비름나물 94 / 씀바귀 96 / 아주까리잎 98 / 취나물 100 / 토란줄기 102

▎나물 이모저모 ▎

나물에 얽힌 많은 이야기들 **106** / 나물 제대로 다루기 **114** / 나물에 어울리는 양념 **120** / 한살림 나물 생산자 이야기 **122** / 한살림 나물 **126** / 나물 달력 **132** / 한살림 나물 지도 **134**

▎한살림 나물 요리 ▎

고구마순볶음 **138** / 곤드레밥과 달래장 **140** / 냉이바지락볶음 **142** / 돌나물사과무침 **144** / 대보름비빔밥 **146** / 별꽃나물무침 **148** / 취나물생채와 지짐이 **150** / 토란대나물 **152**

나물찾기 **154**

《산 들 밭 나물이야기》를 펴내며

곽금순 한살림연합 상임대표

오랫동안 소식지의 한 면을 담당했던 〈나물이야기〉를 한 권의 책으로 엮는다니 반가운 마음입니다. 모아 놓고 보니 우리 주변에 이토록 먹을 수 있는 나물이 많다는 것을 새삼 깨닫게 됩니다. 윤구병 선생의 《잡초는 없다》라는 책에서 보았던 것처럼 잡초라고 여겼던 풀들이 아주 맛깔스런 한 끼 반찬이 되거나 몸에 좋은 약으로 쓰인다는 게 새삼 신기하기도 합니다.

아이들 어릴 때, 살던 곳을 떠나 지방으로 이사를 간 적이 있습니다. 그곳에서 처음 먹었던 나물 맛에 익숙해질 즈음, '이곳에 익숙해졌구나'라는 생각이 들었던 기억이 납니다. 이렇듯 계절 따라 자라는 나물은 그 지역의 기후와 토양에 맞는 풀이면서 그곳 사람들의 입맛에 맞는 요리법으로 이어져 전통의 맛으로 표현되는 것이겠지요.

글과 세밀화로 함께한 세 분 모두 자연과 함께 생활하는 게 낯설지 않은 분입니다. 생활자의 감각으로 표현한 것이 편안하게 읽혀 참 좋습니다. 세시풍속과 연결된 재미있는 나물이야기, 사진보다 더욱 실감나는 생생한 세밀화가 우리를 그 계절, 그 들판으로 데려가는 것 같습니다.

계절마다 나물로 풍성한 밥상을 차려보세요! 나물에 얽힌 재미있는 이야기와 함께 들판의 생동하는 기운이 여러분 곁으로 다가갈 것입니다.

김주혜 한살림청주생협 조합원

자연이 우리에게 주는 보물 중 하나인 봄이 왔습니다. 긴 겨울 동안 꽁꽁 얼어붙은 땅속에서 살랑대는 봄바람과 함께 우리 몸의 보약인 달래, 냉이, 씀바귀가 기지개를 켭니다.

저는 시골에서 성장해서 자연과 가깝게 지낼 수 있었습니다. 그래서인지, 잡초라고도 불리던 풀들의 원래 이름을 듣는 게 낯설지 않았습니다. 주위에 흔하게 있는 풀꽃들이 단오 전에는 식용 가능하다는 것은 저도 〈나물이야기〉를 연재하며 새롭게 알게 되었습니다.

예전엔 구황식물이었던 나물들이 지금은 우리들 밥상을 빛내 주고 있습니다. 겨우내 부족한 영양소를 보충해 주는 귀한 몸으로 대접을 받고 있는 것입니다. 역시 자연과 사람은 밀접하게 관계를 맺고 함께 존재할 때 아름다운 것 같습니다.

제가 쓴 나물이야기들이, 조합원들이 그냥 지나쳤던 풀들을 다시 한 번 들여다보는 계기가 되면 좋겠습니다. 또, 그 나물들로 맛있는 시간을 가지면 좋겠습니다. 나물이야기를 함께 나눌 수 있어 행복했습니다.

유지원 한살림 생산자 자녀

  고등학교를 다니지 않기로 결심하고 세상으로 나왔습니다. 오랜 시간 학교에서 시간을 보내 왔지만 아는 것이라고는 수학 암산을 하고 국어를 조각내 시험을 보는 것밖에 없었습니다. 하지만 암산을 안다고 해서 음식을 만들 수 있는 게 아니었고 농사라는 단어를 쓸 수 있다고 농사를 지을 수 있는 것도 아니었습니다. 스스로 무력감을 느꼈습니다. 앞으로 무엇을 해야 하는지도 잘 몰랐습니다.

  무작정 부모님이 하시는 농사일을 돕기 시작했습니다. 도라지밭 풀을 열심히 뽑다 보니 주변에 나는 풀들이 눈에 들어왔습니다. '과연 이 풀들을 먹을 수 있을까?' 의문이 들었고 집 주변 풀들도 살피게 되었습니다. 채워지지 않는 호기심에 근처 밭에 계신 할머니께 질문을 했고 자연스럽게 이야기도 나누게 되었습니다. 농사일을 돕고 나물 요리도 해 드리며 부모님이 어떤 일을 하시는지도 알게 되었습니다. 학교에 갈 때는 몰랐던 부모님의 일상에 대해 알게 된 것입니다. 스스로 무엇인가를 할 수 있다는 자신감과 삶의 보람도 느꼈습니다.

  이 책을 읽는 많은 사람들이 제가 느낀 것을 느끼면 좋겠습니다. 가족이나 이웃이나 가까운 사람들과 무엇인가를 함께 하고 나물과 같은 먹을거리, 더 나아가 자연과 가까이 하게 되면 좋겠습니다.

박혜영 한살림서울생협 조합원

몇 해 전 5월, 해남에 있는 양파밭에서 양파를 뽑고 줄기를 정리하는 일을 도운 적이 있습니다. 드넓은 밭, 탁 트인 푸른 하늘과 흰구름, 햇볕은 따갑지만 시원한 바람이 불어서 일이 고되기 보다는 마음이 참 여유로웠습니다. 처음에는 양파만 눈에 들어오다가 하나둘 주변의 풀들이 눈에 들어오기 시작했습니다.

〈나물이야기〉 세밀화로 한 번씩 그렸던 광대나물, 명아주, 별꽃, 쇠비름이 양파밭 여기저기에 있었습니다. 세밀화를 그리면서 알게 된 광대나물은 잎도 분홍꽃도 특이해서 기억에 남았는데 이렇게 보게 되니 어릴 적 친했던 친구를 지나가다 우연히 만나기라도 한 듯 무척 반가웠지요. 기쁘고 머리가 맑아지는 느낌과 함께요.

하나의 풀을 그리는 동안에 잎, 줄기, 꽃잎, 수술과 암술, 잎맥, 솜털 등 작은 부분도 애정을 갖고 찬찬히 들여다보게 되는데 그러면서 저도 모르게 이름과 생김새를 기억하게 되었나 봅니다. 스쳐 지나가던 것이 눈에 들어오고 모르던 것을 알게 되는 것은 참으로 가슴이 뛰는 일입니다.

한살림 조합원이기에 얻게 된 값진 기회, 비전문가가 열정만으로 그린 보잘것없는 제 그림도 자연을 사랑하는 많은 분들이 문득 작은 풀의 이름이 궁금해질 때 찾아볼 수 있는 참고자료가 되었으면 합니다.

산에서 나는 나물

깊은 곳, 수풀이 우거진 곳에 자리 잡아
쉬이 찾기가 어렵다.
그래서 만나면 더 반갑고 반갑다.
흘린 땀을 보상해 줄 만큼 맛과 향도 빼어나다.

이야기가 꽃피고
소소한 웃음이 피어나는
다래순

유지원

새해가 왔습니다. 다들 떡국 한 그릇씩 드셨는지 모르겠네요. 생각해 보면 제가 나물을 캐고 음식으로 만들기 시작한 지 꽤 시간이 지난 것 같습니다. 하지만 지난해에 처음으로 나물 공부를 시작해서 그런지 아직 많이 부족해, 봄에 나물을 캐서 묵나물로 만들어 놓아야 겨울에 나물을 먹을 수 있다는 것을 몰랐습니다. 나물이 없는 겨울에는 무엇을 먹었나 싶었는데 옛사람들은 겨울에 묵나물을 먹었다는 것을 알게 되었네요.

우리 집에는 묵나물이 없어서 마을 할머니께 부탁해 다래순을 얻었습니다. 다래순은 과일인 다래(토종 키위)의 새로 올라온 연한 싹을 말하는데요. 달달한 내음이 나서 맛도 달달할까 싶었지만 쓴맛과 떫은맛이 강했습니다.

이번 경험을 통해 여러 가지를 배웠는데요. 할머니께 다래순을 얻으러 갔을 때, 묵나물은 나무 새순이나 나물을 삶아서 말린 것이라고 하셨고 올해 봄에 새순 딸 때 그 과정을 더 정확히 보여준다 하셔서 정말 기뻤습니다. 또, 묵나물은 말린 것이라 물에 담가 놓았다가 퍼진 다음에 삶으면 부드러워지는데 그때 꺼내서 양념에 무치라고 말씀하셨습니다. 간장이랑 참기름으로 무치면 맛있다고 요령도 알려 주셔서 좋았습니다.

할머니의 조언대로 집에 와서 다래순 묵나물을 요리했지만 오래 담가 두지 않아서 그런지 푹 삶지 않으면 질겨서 먹기 힘들었습니다. 그래도 양념은 어머니가 도와주셔서 맛있게 만들어 먹었습니다. 맛있게 나물을 무쳐 먹는 것도 좋지만 제가 더욱 좋았던 것은 나물을 통해 이웃이나 마을 사람들과 작은 대화를 나눈 것이었습니다. 또한 나물 고수이신 할머니들과 대화하는 것은 정말 기쁜 일이기도 하지요.

여러분들도 이웃과 즐거운 대화를 나누시나요? 사소한 것도 같이 나누는 즐거움이 있었으면 좋겠습니다. 새해 복 많이 받으세요.

제철 3~4월 / **자라는 곳** 산, 음지 계곡 주변 / **효능** 해열, 갈증 해소, 소화불량 완화
어울리는 요리 무침, 볶음

전으로
만들어 먹으면 일품!

두릅

김주혜

올봄엔 예년과 달리 갑자기 따뜻해지면서 차례대로 피는 봄꽃들이 한꺼번에, 그것도 일찍 만개하였지요. 저희 집 마당에 있는 가시오가피 나무도 이상기온 탓인지 예년 같으면 통통하게 새순이 있어야 하는데, 새순이 나오자마자 가늘고 길게 자라기 시작하더니, 잎이 확 펴지고 말았습니다. 한입 베어 물면, 입안 가득 단맛이 퍼지는 가시오가피 새순은, 다른 음식을 먹기 전에 먹으면 쌉쌀한 맛으로 식욕을 돋워 준답니다. 올해는 갑자기 따뜻해진 날씨 때문에 제대로 즐기지 못해 아쉽습니다.

지역마다 차이는 있지만, 오월이 되면 산과 들에 나물이 한창입니다. 그 중에서 이른 봄부터 오월까지 흔히 접하는 나물로 두릅이 있습니다. 두릅은 참두릅·땅두릅·개두릅 세 가지로 나뉩니다. 땅두릅은 독활(獨活)이라고도 불리고, 개두릅은 엄나무 순을 일컫는 말입니다. 이 세 가지 두릅 중, 사람들이 가장 좋아하는 참두릅은 나무머리 꼭대기에 있다고 해서 목두채라고도 하고, 문두채라고도 합니다. 문두채에서 '문'은 입술 문(吻)자입니다. 너무 맛있는 나물이라 두말할 필요도 없으니, 입을 꼭 다물라는 뜻입니다.

두릅은 나물이지만 단백질이 풍부하고, 비타민A와 C, 칼슘, 섬유질이 많습니다. 그리고 해열, 강장, 이뇨, 거담 등 위의 기능을 왕성하게 하고, 신경을 안정시켜 혈액순환에도 좋습니다.

두릅은 풍부한 영양소만큼이나 요리법도 다양합니다. 두릅의 밑동만 손질하여 천일염을 넣은 물에 데친 후, 초고추장을 찍어 먹는 방법도 있고요. 다른 나물들처럼 갖은 양념들과 함께 간단하게 무쳐서 먹는 것도 맛있습니다. 그리고 살짝 데친 두릅에 밀가루 반죽 옷을 입힌 후, 튀김가루를 묻혀서 프라이팬에 지져 내면, 번거롭긴 하지만 맛은 일품인 요리가 탄생합니다. 두릅 양이 많을 때는 장아찌로 보관해도 좋습니다. 두릅을 깨끗이 씻은 후, 물기를 제거하여 간장으로 절여 놓아도 좋고, 데친 두릅을 살짝 건조시켜서 고추장에 박아 두었다가 먹으면 훌륭한 밑반찬이 됩니다. 참고로 장아찌를 만들 때는 생두릅을 사용하는 게 좋고, 고추장에 박아 두고 먹을 때에는 데친 두릅을 사용하는 것이 좋습니다.

제철 4~5월 / **자라는 곳** 산, 밭둑 / **효능** 피로 회복, 항암 효과, 다이어트
어울리는 요리 전, 튀김, 쌈

알고 보면
먹을 수 있답니다

비비추

김주혜

가정의 달 오월입니다. 어린이날, 어버이날뿐 아니라 성년의날, 부부의날이 이어집니다. 어버이날에는 부모님께 카네이션을 달아 드리는데요. 이 꽃은 주변에서 흔히 볼 수 있는 야생화 패랭이꽃과 비슷하게 생겼습니다. 둘 다 석죽과여서 그렇다는데, 모습이 비슷하니 패랭이꽃으로 카네이션을 대신하자는 움직임도 있다고 하네요.

이맘때면 비비추를 흔히 볼 수 있습니다. 빙글빙글 비비꼬여

꽃이 피기 때문에 비비추라는 이름이 지어졌는데요. 비비추의 꽃말은 '하늘이 내린 인연', '좋은 소식'입니다. 꽃말도 좋고 색도 고와 야생화지만 정원이나 화단에 심어 가꾸는 경우도 많지요. 그래서인지 비비추를 관상용 식물로만 여기기 쉬운데 실은 먹을 수 있는 나물이랍니다.

비비추는 이름처럼 비벼 먹으면 특히 맛이 좋습니다. 마치 어린 채소처럼 연하면서도 산나물 특유의 감칠맛이 나는, 산나물 같지 않은 산나물입니다. 향긋하고 부드러운 어린순은 날것으로 된장 쌈을 싸 먹거나 데친 뒤에 초고추장에 찍어 먹으면 좋습니다. 된장국을 끓여 먹을 수도 있고 다른 나물처럼 무침으로 먹기도 한답니다. 제 경험으로는 된장에 무쳐 먹는 게 제맛이더라고요. 장아찌로도 만들어 먹는다는데, 잎이 연하고 부드러워 잘 어울릴 것 같습니다. 그늘진 숲속에서 비비추 군락지를 만나면 실컷 수확해다가 장아찌를 담가 볼 수 있겠지만 비비추는 금방 쇠어 버리니 쉽지 않을 겁니다.

비비추는 맛만 좋은 게 아니라 몸에도 좋은 나물입니다. 따뜻한 성질이 있어 모든 궤양에 효과가 있고 뿌리를 먹으면 몸의 기를 보하며 통증과 염증을 가라앉혀 주지요. 또, 피를 멈추게 하고 소변도 잘 나오게 한답니다. 자궁이 약하고 허약한 여성들의 기운을 돋워 주는 효능도 있다니 참 고마운 나물입니다.

집 마당에 있는 감나무 잎이 하루가 다르게 쑥쑥 자라고 있습니다. 매미와 새들의 쉼터를 만드느라 그러셨지요? 조금 있으면 매미와 새들의 즐거운 노랫소리가 울려 퍼지겠어요.

제철 4~5월 / **자라는 곳** 산, 주택가 화단 / **효능** 통증·염증·궤양 완화
어울리는 요리 무침, 쌈, 국

뿌리는 약으로도 이용하는
삽주나물

김주혜 무더위가 절정입니다. 24절기 중 하나인 입추가 지나면 한풀 꺾인다지만 올해는 구월에 윤달이 있어 어떻게 될지 모르겠네요. 요즘은 펜션이나 자연휴양림이 곳곳에 있어 예전처럼 아무 곳에나 텐트를 치던 야영객은 보기 드뭅니다. 경관 좋은 상수원 보호구역이나 국립공원 등에서는 취사가 금지되고 야영장 외에는 텐트 치는 걸 허용하지 않기 때문이기도 하지요.

여러분은 여름휴가에 어떤 계획을 세워두고 계신지요? 저는 바닷가보다 계곡이 좋아, 감자와 옥수수 삶아 먹고 흐르는 계곡물에 발 담그며 노닐다 올 생각입니다. 바쁘더라도 짬을 내 휴가를 다녀오는 게 활력을 재충전할 수 있는 중요한 일이라고 생각됩니다.

이번에 소개할 나물은 잎도 먹고 뿌리를 차로 끓여 먹을 수 있는 삽주나물입니다. 국화과 여러해살이풀인 삽주나물은 약초로 사용되는 약용식물이기도 합니다. 봄나물 나올 시기에 같이 등장하는 삽주나물은 하얀 솜털이 보송보송하며 뾰족하게 나오는 새순을 자르면 끈적거리는 하얀 액이 나옵니다.

삽주나물 어린순은 삶아서 다른 나물처럼 무침을 해 먹을 수 있습니다. 쌈채소로 먹으면 특유의 향을 음미할 수도 있지요. 삽주나물 뿌리는 위장을 튼튼하게 해 주기 때문에 소화제의 원료로 쓰인다고 합니다. 한약재로 쓰일 때, 묵은 뿌리는 창출(蒼朮), 햇뿌리는 백출(白朮)이라고 불립니다. 칼슘과 철분, 인, 비타민 등이 풍부하다고 하지요.

지난해까지 충북 괴산에 있는 한살림 사랑산공동체에서 삽주나물을 길러 잎은 나물로, 건조시킨 뿌리는 차로 한살림에 공급하기도 했습니다. 재배가 쉽지 않은지 아쉽게도 올해는 공급이 중단되었습니다. 조만간 다시 공급 받을 수 있으면 좋겠네요.

올여름 마른장마로 농작물 피해가 우려됩니다. 옛말에 "처서(處暑)에 비가 오면 독안에 든 곡식이 준다."고 합니다. 비가 내릴 땐 내리고, 햇빛이 비춰야 할 땐 비치면 좋겠습니다.

제철 4~5월 / **자라는 곳** 산 / **효능** 해열, 이뇨, 소화 촉진
어울리는 요리 무침, 쌈, 차

다섯 잎에 숨겨진 효능 찾기
오갈피나무

김주혜
수확의 계절 가을. 콤바인이 신명 난 소리를 내며 누렇게 익은 벼 사이로 지나갑니다. 황금물결 출렁이던 논 한 다랑이 두 다랑이가 순식간에 허허벌판으로 변해 갑니다.

저희 집 마당 한쪽에 있는 오갈피나무의 까만 열매도 알알이 익어가고 있습니다. 다섯 장의 작은 잎으로 갈라져 있어 그 이름이 지어졌다는 오갈피나무는 한약재로 익히 알려져 있습니다. '오가피나무'로도 불리는 오갈피나무는 두릅나무과로, 맛이 맵고 쓰며 성질은 따뜻해 간과 신장, 허리, 다리 등을 보해 줘 한약재로도 쓰입니다. 뿌리, 줄기, 잎, 꽃, 열매 모두 약용으로 사용 가능하고 면역력을 강화시켜 주며 항암 효과도 있다고 합니다. 한의학의 이론인 '사상체질'에 따르면 특히 태양인에게 좋다고 합니다. 하지만 소음인에게는 두통을 유발하거나 태음인에게는 기력이 떨어지는 부작용이 있을 수 있으니 약재로 쓸 때는 주의가 필요합니다.

오갈피나무 잎으로는 나물을 만들어 먹기도 합니다. 주먹을 막 편 듯 올라오는 어린잎은 날것 그대로 된장에 찍어 먹으면 맛이 참 좋습니다. 삼겹살을 구워 먹을 때 쌈 채소로도 이용하는데 부드러우면서도 쌉쌀한 맛과 고기의 고소한 맛이 입안에서 어우러지는 게 일품이지요. 물에 데쳐 무침을 하기도 하고 양이 많으면 오래 두고 먹을 수 있도록 묵나물로 만들기도 합니다. 물론 초절임도 가능하지요. 어린잎을 데친 후 물에 불린 쌀과 함께 오갈피밥을 지어 먹기도 하는데 '오가반'이라고 합니다. 오갈피나무 어린잎이 돋는 내년 봄에는 오가반을 해 먹어 볼까 합니다. 저도 이야기만 들어 봐서 어떤 맛인지 무척 궁금하거든요. 지금 익어 가고 있는 까만 열매는 잘 말려서 차를 만들기도 하고 술 좋아하는 사람들은 담금주를 만들어 먹으면 좋답니다. 어떠세요? 오갈피나무, 정말 유용하지요.

곧 있으면 한살림 생산자 회원과 조합원이 한 자리에 모이는 가을걷이 한마당이 열립니다. 정성 가득한 먹을거리를 다 함께 나누는 풍성한 자리가 되었으면 좋겠습니다. 늘 그렇듯이 건강한 먹을거리를 기르느라 애쓰시는 생산자들께 깊은 감사의 마음을 전합니다.

제철 3~5월 / **자라는 곳** 산, 밭둑 / **효능** 기력 보충, 관절염 완화, 혈액순환
어울리는 요리 쌈, 밥, 무침

솜털이 보송보송,
우산처럼 생겼대서

우산나물

 새해가 밝았습니다. 묵은해를 보내는 아쉬움과 새해를 맞이하는 가슴 벅찬 설렘은 연말연시가 되면 누구나 느끼는 기분이겠지요? 앙상한 감나무엔 햇빛을 머금은 눈꽃들이 보석처럼 눈부십니다. 집 앞 감나무에 까치밥으로 감을 조금 남겨 놓았더니 이름 모를 새들이 와서 연주도 하고 허기진 배를 채우곤 합니다.

많은 양은 아니지만 조만간 한살림 매장에 '말린산나물모음'이 공급된다고 하네요. 그 안에 우산처럼 생긴 나물이 들어 있는데, 모양 따라 이름이 지어졌다는 우산나물입니다. 흔하게 접할 수 있는 나물이 아니기에 다들 생소하지요?

우산나물은 생으로 먹기도 하고 데쳐서 무치거나 된장국을 끓여 먹기도 한답니다. 어린순이 올라올 때는 솜털이 보송보송하며 접은 우산처럼 생겼고 나물할 시기에는 활짝 펼쳐진 우산 모양이 되지요. '말린산나물모음' 중에서 우산나물을 구분하는 방법은 간단합니다. 일단 우산 모양을 찾고요. 보송보송한 솜털을 확인하면 됩니다. 나물 초보자들도 쉽게 구별할 수 있습니다.

올 대보름엔 우산나물을 식탁에 올려 보세요. 생으로 데쳐 먹으면 특유의 향을 맛볼 수 있는데 말린 나물이라 좀 아쉽기는 합니다. 그래도 묵나물이나마 맛볼 수 있으니 다행이지요. 요리법은, 묵나물이 늘 그렇듯 반나절 정도 물에 불려야 합니다. 꼭 짜지 말고 살짝 물기를 짜서 된장 양념으로 무치는 것도 괜찮고, 진간장 반, 조선간장 반, 들기름, 파, 마늘, 깨소금을 넣고 간이 배게 조물조물한 뒤 볶으면 깊은 맛이 난답니다. 생나물일 땐 향이 있어서 파, 마늘을 넣지 않아도 괜찮지만 말린 나물엔 이런 양념이 필수이지요. 벌써부터 향기 있는 산나물을 맛볼 봄이 기다려지네요. 새해에도 건강하시고 행복하시길 바랍니다.

제철 4~6월 / **자라는 곳** 산 속 / **효능** 타박상·종양 완화, 해독 작용
어울리는 요리 무침, 볶음, 쌈

봄 밥상을
'기다리는 마음'

원추리

김주혜 이른 봄, 무심코 산행을 하다 보면 철 지난 낙엽 사이로 살포시 얼굴을 내미는 어린 싹들을 볼 수 있습니다. 겨우내 매서운 한파를 견뎌 낸 앙상한 화살나무 가지에도 홑잎이 피는 게 보이네요. 봄이 오고 산나물 철이 왔음을 알리는 반가운 모습입니다.

봄나물 중 가장 먼저 돋아나 밥상에 오르는 나물이 원추리입니다. 원추리는 산이나 들만이 아니라 주택가 주변에서 관상용으로 흔히 볼 수 있는 식물이지요. 예부터 아들을 낳기 위해 젊은 아낙들이 꽃봉오리를 귀에 꽂고 다녔다고 해 의남초(宜男草)

라고도 불리었고, 그 맛이 근심을 덜어 준다 하여 망우초(忘憂草)라는 이름으로도 불렸답니다.

백합과의 여러해살이풀인 원추리는 식용, 약용, 관상용으로 쓰이는 유용한 식물이기도 합니다. 먼저, 이른 봄 올라오는 새순은 나물로 먹습니다. 고사리처럼 새순을 여러 번 뜯어 먹을 수 있는데 기온이 올라가면 새순이 억세어집니다. 나물을 해 먹을 땐, 뜨거운 물에 살짝 데친 후 다른 나물들처럼 물에 담가 나쁜 맛을 빼내고 먹으면 좋습니다. 초고추장 무침을 해 먹거나 된장국을 끓여 먹으면 아주 맛있는데요. 양이 적을 땐 다른 나물과 함께 요리를 해도 잘 어울립니다. 6월 하순부터 원추리꽃이 피기 시작하면 꽃차를 만들어 음미할 수 있습니다. 다른 꽃차처럼 꽃이 찻잔 위에 둥둥 뜨진 않지만 자연스런 단맛을 느낄 수가 있더라고요. 아쉬운 건 장마철에 꽃이 피기 때문에 건조시키는 데 힘이 많이 드는 점입니다. 그래도 기회가 되면 손수 만든 꽃차를 한잔하며 마음의 여유를 가져도 좋겠습니다. 원추리 꽃차는 우울증에 좋고 황산화작용을 합니다. 꽃이 지고 가을이면 원추리 뿌리를 한약재로 씁니다. 이뇨 작용, 살균 작용, 해독 작용 등을 한다고 하네요.

원추리 꽃말이 '기다리는 마음'인데, 겨우내 기다리던 봄이 오니 참 좋습니다. 황량했던 땅 곳곳에서 초록빛을 발견하는 재미도 있습니다. 이번 주말엔 봄맞이하러 산으로 들로 나가 보고, 나간 김에 나물도 캐 보면 어떨까요? 발밑을 자세히 들여다보세요. 초록빛 나물들이 손짓합니다.

제철 3~4월 / **자라는 곳** 산, 들, 주택가 화단 / **효능** 신경쇠약·우울증·불면증 완화
어울리는 요리 무침, 국, 꽃차

잎도 먹고 뿌리도 먹고
몸에도 좋은

잔대나물

 무궁화꽃이 피었습니다! 무궁화꽃이 핀 뒤 석 달이 지나면 첫 서리가 온다고 해요. 얼마 안 있으면 이 무더위도 끝이 나겠지요? 광복절에 독립기념관에 가면 다양한 무궁화꽃 전시회를 하곤 했는데 올해도 하는지 모르겠네요.

요즈음 들녘엔 뿌리채소인 잔대와 도라지, 더덕꽃이 한창입니다. 이 가운데 잔대는 도라지나 더덕과 달리 잎도 먹을 수 있는 나물이지요. 다만 이맘때에는 봄철과 달리 잎이 억세져 뿌리만 먹는답니다. 잔대는 초롱꽃과의 여러해살이풀로 전국의 평지와 산등성이에 군락을 이룹니다. 잔대는 종류가 10가지가 넘을 정도로 참 다양한데요. 그만큼 잎 모양도 둥근형, 피침형, 털이 있는 것 등으로 다양하답니다.

잔대의 어린순은 다른 나물처럼 데친 후에 된장이나 초고추장으로 양념해 먹습니다. 생으로 먹으면 잔대 고유의 맛과 향을 더 즐길 수 있지요. 잔대 뿌리는 도라지와 달리 쓴맛이 없고, 단맛이 강해 따로 물에 담가 나쁜 맛을 뺄 필요 없이 바로 요리를 할 수 있습니다. 더덕이나 도라지처럼 무침을 해 먹거나 구이를 하면 맛이 참 좋지요.

옛 문헌에 따르면 잔대는 백가지 독을 푸는 데 효과가 있답니다. 잔대 말린 것은 사삼(沙參)이라고 하며 한약재로 널리 쓰는데요. 이로운 점이 많아서인지 민간요법에서도 다양하게 쓰입니다. 산후통에는 늙은 호박 속에 잔대를 넣고 삶아 그 즙을 복용하고, 닭이나 가물치에 잔대를 넣어 함께 먹으면 도움이 된답니다. 뿌리에는 사포닌 성분이 있어 기침을 멈추고 가래를 없애는 데에도 그만이고요.

마당에 있는 감꽃이 떨어지는가 싶더니 어느 사이 감나무 잎 사이로 오백 원짜리 동전만 한 동글동글 감송이가 얼굴을 내밀고 있네요. 올해도 변함없이 아침을 여는 새소리와 낮잠을 깨우는 매미들의 합창, 그리고 마당 한편에 있는 감나무 그늘에 시원한 바람까지…. 주위에 있는 많은 것들에 감사하며 이번 나물이야기를 마칩니다.

제철 6~9월 / **자라는 곳** 산 / **효능** 류마티스관절염, 해독제, 거담제
어울리는 요리 무침, 구이, 차

봄을 알리는
재미있는 나물

짚신나물

김주혜

봄! 봄! 봄! 가슴 설레는 춘삼월입니다. 따사로운 햇빛 받으며 나뭇가지에서 움트는 새싹들의 숨소리가 들립니다. 땅속에 묻혀 겨울을 보낸 결실의 씨앗들도 이 봄을 애타게 기다렸겠지요? 풀(잡초)씨는 땅속에서 삼년씩이나 묵어 있다가도 싹이 튼다고 합니다. 그래서 잡초는 뽑고 또 뽑아도 계속 올라오나 봅니다. 아주 대단한 생명력이지요.

이달엔 산이나 들에서 쉽게 볼 수 있지만 그냥 산야초려니 하고 지나치는 짚신나물에 대해 쓰려고 합니다. 짚신나물은 장미과에 속하는 여러해살이풀로, 봄이 오면 살며시 얼굴을 내밀지요. 열매 안쪽에 갈고리 같은 털이 있어 사람들 옷이나 짚신에 잘 달라붙기에 짚신나물이라는 재미있는 이름으로 불리게 되었다고 합니다. 꽃말도, 옷이나 신발에 달라붙어 먼 곳까지 퍼졌다 해 '임 따라 천리 길'이고요.

사람들이 즐겨 먹는 나물은 아니지만 양념고추장과 함께 생으로 먹거나 데쳐서 무침을 해 먹으면 맛이 좋다고 합니다. 짚신나물에는 다양한 효능도 있는데, 목감기로 목이 아플 때 목과 입안의 통증을 줄여 주는 것은 물론이고 지혈과 항암 효과도 있다고 합니다.

보통, 단오 전에는 산야초에 독성이 없기 때문에 어린순은 종류를 가리지 않고 나물로 먹어도 된다고 합니다. 그래도 확실하지 않은 나물은 서너 시간 정도 물에 담갔다가 먹는 게 안전하지요. 이름에 나물이 들어가지만 단오 전이라 해도 절대 먹어서는 안 되는 식물도 있습니다. 삿갓처럼 생긴 삿갓나물, 자르면 붉은 액이 나오는 피나물, 곰취와 혼동하기 쉬운 동의나물, 요강나물 등입니다.

저희 집 화단에는 살랑거리는 봄바람에 미나리와 달래가 조금씩 올라오고 있습니다. 곧, 들녘에는 봄나물 캐는 사람들이 즐비하겠네요. 겨우내 움츠렸던 온몸을 쫙 펴 볼까요? 반가운 봄이 왔습니다.

제철 3~5월 / **자라는 곳** 산, 들 / **효능** 지혈, 신경쇠약·우울증 감소
어울리는 요리 무침

맛과 향이 으뜸

참나물

김주혜 여름이 다가오네요. 저희 집 대문 옆에 서 있는 감나무도 감꽃이 활짝 피었답니다. 감꽃은 묵은 가지에서 필까요? 아님, 새 가지에서 필까요? 새 가지에서 핀답니다. 그래서 가을에 감을 따면서 가지도 함께 꺾어 주나 봐요. 저희 집 감은 어른 주먹만 한 대봉시라 한 개만 먹어도 배가 부르답니다. 지난해에는 감이 많이 열려 지인들과 즐겁게 나눠

먹었던 기억이 납니다.

우리가 볼 수 있는 나물 중에는 맛과 향이 으뜸이라고 해서 이름에 '참'이 붙은 나물이 있습니다. 바로 참나물이죠. 미나리과의 여러해살이풀인 참나물은 산에서 자라는 나물입니다. 깊고 높은 산에 가야 만날 수 있는 귀한 나물이지요.

우리가 흔히 참나물이라고 부르는 나물은 사실 파드득나물입니다. 파드득나물은 참나물과 달리 번식력이 강해서 쉽게 재배할 수 있습니다.

참나물의 한약이름은 '지과회근(知果茴芹)'입니다. 몸에 찬 기운을 없애고, 통증을 멈추게 한다는 뜻이지요. 참나물에는 비타민A, B$_2$, C와 칼슘이 풍부합니다. 다른 나물보다 비타민A가 많이 들어 있어서 눈과 면역 증강에 좋습니다.

뭐니 뭐니 해도 참나물은 생으로 쌈장에 찍어 먹는 게 최고입니다. 독특하고 상쾌한 참나물 향을 즐길 수 있거든요. 다른 나물과 함께 겉절이로 무쳐도 맛있습니다. 또 끓는 물에 살짝 데쳐서 양념에 무쳐 먹어도 좋고, 부침개에 넣어 먹어도 좋습니다.

요즘, 들에는 찔레꽃이 한창입니다. 찔레꽃으로 꽃차를 만들어 보는 건 어떨까요? 간단하게 한 번만 살짝 덖어서 그늘에서 건조시키면 된답니다. 무더운 여름, 참나물을 맛보고 시원한 그늘 밑에서 찔레꽃차의 향을 음미해 보세요.

제철 4~6월 / **자라는 곳** 높은 산속 / **효능** 식욕 증진, 안구건조증 완화, 비만 방지
어울리는 요리 쌈, 겉절이, 장아찌

약재로도 쓰고
나물로도 먹는

초롱꽃

김주혜

한여름이 다가오고 있네요. 해마다 맞이하는 여름이지만, 초복과 중복이 이달에 들어 있으니 무더위를 어떻게 보내야 할지 고민해 보아야겠어요.

주택에서 사는 사람들은 한여름 더위와 겨울 추위를 견디는 일이 큰 고충이지요. 저희 집도 그렇답니다. 게다가 그 흔한 에어컨도 없거든요. 에어컨 사 달라고 조르는 딸아이한테는 뙤약

볕에서 일하는 농부들 생각하면서 선풍기나 맘껏 틀라고 핀잔을 줍니다. 핵발전소를 반대하는 일도 필요하지만, 전기 사용을 줄이기부터 실천하는 일이 중요하겠지요.

무더위에도 들풀들은 열매를 맺기 위해 꽃을 한창 피우고 있겠지요. 꽃모양이 초롱 같아서 이름을 붙인 초롱꽃도 지금이 한창이랍니다. 초롱꽃은 종꽃이라고도 불립니다. 꽃 모양이 호롱불과도 닮았지만 종 모양과도 비슷하거든요. 여러해살이풀인 초롱꽃은 번식력도 좋아, 주변에서 어렵지 않게 볼 수 있습니다.

최근에는 초롱꽃을 관상용으로 많이 심지만, 여러모로 쓰임이 많습니다. 초롱꽃의 뿌리와 꽃은 천식, 편도선염, 인후염에 약효가 있다고 합니다.

한살림에 '모싯대나물'이란 이름으로 공급되는 심장모양의 초롱꽃 잎은 다른 나물처럼 무침으로 해 먹지요. 향이 그리 진하지 않아서 데치지 않고 쌈장에 바로 찍어 먹어도 좋고 겉절이를 해 먹어도 훌륭하답니다. 또, 꽃 속에 밥과 반찬을 넣어 꽃밥을 만들어 먹어도 좋습니다. 예쁜 모습에 아이들이 좋아할 것 같지요?

초롱꽃의 꽃말은 충직과 정의입니다. 살아가는 데 꼭 필요하고 함께 실천해야 할 말이겠지요?

제철 4~10월 / **자라는 곳** 산, 주택가 / **효능** 해독, 인후염·두통 완화
어울리는 요리 무침, 쌈, 밥

맵고 달고
몸에 좋은

풀솜대

"4월은 잔인한 달." 시인 T.S 엘리엇이 말했습니다. 사월은 수많은 봄꽃들의 향연이 시작되는 달인데, 왜 그런 표현을 썼을까요? 궁금하기도 하네요.

사월이면 단비를 머금은 앙상한 나뭇가지에 새순이 움트기 시작합니다. 잎보다 꽃을 먼저 피우는 나무들도 기지개를 펴지요. 봄꽃 중에 으뜸인 목련, 개나리, 진달래, 벚꽃이 그렇답니다. 진달래와 철쭉은 비슷하게 생겨 혼동하기 쉬운데요. 구분하는 방법을 알려 드릴게요. 먼저 진달래는 꽃을 피운 뒤 잎이 나오고 철쭉은 잎이 먼저 나온 후 꽃을 피웁니다. 그리고 진달래는 참꽃이라 불리며 화전을 해 먹을 수 있지만 철쭉은 개꽃이라 불리며 독성이 있어 먹을 수 없답니다. 봄이 가기 전에 찹쌀가루로 익반죽한 진달래꽃 화전을 만들어 차와 함께, 이웃과 담소를 나누는 여유를 갖는 것도 좋겠지요.

또, 사월은 산나물이 나오기 시작하는 달이기도 합니다. 여러 나물이 있는데, 그중에 잘 알려지지 않은 생소한 나물 풀솜대가 있습니다. 지장보살이라는 이름으로도 불리는데요. 보릿고개 때 주린 배를 채워 준다고 해서 붙여진 이름이지요. 새순이 올라올 때는 둥굴레와 비슷한 모습이지만 풀솜대는 옆으로 비스듬히 자라고 위로 올라갈수록 털이 많습니다. 줄기 끝에 하얀 꽃을 피우고 빨간 열매도 맺지요. 줄기가 곧게 자라며 어긋난 잎 사이로 꽃을 피우는 둥굴레와는 자랄수록 다른 모습을 띱니다.

풀솜대의 성질은 맵고 달며, 신체허약증, 두통, 월경불순에 좋다고 합니다. 뿌리, 줄기, 잎, 열매 등 모든 부분에 약효가 있고 가을에 채취하여 햇볕에 건조시킨 뒤 약재로 쓴답니다. 물론, 풀솜대나물은 어린순으로 해 먹지요. 데친 후에 쌈으로 먹기도 하고 볶아 먹기도 하며, 다른 산나물과 섞어 무쳐 먹기도 합니다. 송송 썰어 비빔밥에 넣거나 묵나물로 만들어 먹어도 좋지요. 아기자기한 이름의 풀솜대나물, 맛있겠지요?

청주에는 무심천이 유유히 흐르는데요. 조금 있으면 무심천 양 옆으로 벚꽃이 만개해 청주시민이라면 남녀노소 할 것 없이 벚꽃나들이를 즐긴답니다. 저도 화사한 봄을 풍성하게 만끽하러 무심천으로 날려가려고 합니다. 여러분들도 밖으로 나가 벚꽃 향기 속에 푹 빠져 보세요. 봄이 왔어요!

제철 4~5월 / **자라는 곳** 들, 공터 / **효능** 두통 진정, 월경불순 해소, 신체허약증 완화
어울리는 요리 무침, 볶음, 쌈

들에서 나는 나물

작은 바구니를 들고 집을 나선다.
조금 주의 깊게 주변을 살펴본다.
길가에서, 화단에서, 공원이나 산 초입에서
들나물이 고개를 들고 있다.

먹을 수 있는 바늘

가막사리
(도깨비바늘)

김주혜 올 여름 유난히도 길었던 장마와 천둥·번개를 동반한 국지성호우에 고생이 참 많았지요. 체온과 맞먹는 폭염도 기승을 부렸지만 그 열기를 누그러뜨리며 가을이란 계절이 우리에게 오고 있습니다. 곧 있으면 오곡백과가 무르익는 추석이지만 여름내 남부지방 강수량이 부족했음을 생각하면 차례상에 올릴 햇과일들이 부족하지 않을까 걱정입니다.

그래서 어떤 나물이야기를 써야할까 고민이 많았습니다. 반갑게도 충북 괴산 솔뫼공동체의 김철규 생산자 님이 '가막사리'

에 대해 쓰면 어떻겠냐며 권하셨답니다. 국화과인 가막사리는 한해살이풀로 논과 밭둑, 하천가에서 흔히 볼 수 있는 습지식물입니다. 키가 1m 넘게 자라며 곁순이 계속 나오므로 봄부터 초가을까지 새순을 먹을 수 있지요. 꽃이 필 때 전초(잎, 줄기, 뿌리, 꽃 등을 포함한 온전한 풀포기)를 채취해 그늘에 말렸다 달여 마시면 피를 맑게 하고 열을 내려 주며 독을 풀어 주는 효능도 있답니다.

가막사리 열매가 익으면 둥글게 벌어지면서 씨가 보입니다. 씨 끝부분에는 가시가 있어 동물들 털에 잘 붙는데, 이 덕에 멀리멀리 번식이 가능하지요. 씨 모양이 마치 도깨비바늘 같다 해서 가막사리를 도깨비바늘이라 부르기도 합니다. 씨가 드러난 가막사리 열매를 친구한테 던지며 놀았던 기억이 나네요. 가막사리의 새순을 데쳐 약간의 간장과 고추장으로 양념해 먹어 보니 독특한 향이 좋습니다. 한 번쯤 먹어 보라고 적극 추천하고 싶습니다. 생으로도 먹을 수 있고 묵나물도 가능하니 참 유용하네요.

송편을 찔 때 필수인 솔잎은 처서 전에 뽑아야 쏙쏙 잘 뽑힌다니 늦지 않게 준비하면 좋겠네요. 솔잎을 넣는 이유는 떡끼리 붙지 말라는 것도 있지만 솔잎이 방부제 역할을 하기 때문이기도 합니다. 올 추석엔, 가족끼리 송편을 빚으면 어떨까요?

제철 7~8월 / **자라는 곳** 습지, 하천가 / **효능** 통풍·간염·고혈압 예방
어울리는 요리 무침, 볶음, 차

약재, 차,
나물로도 먹기 좋은

구기자

김주혜

아침저녁으로 제법 선선하고 한낮엔 햇살이 따가운 걸 보니 고양이 문턱 넘듯 가을이 성큼 다가왔음을 새삼 느낍니다. 올해 구월은 윤달이어서 그런지 가을이 길게 느껴지네요. 우리네 밥상을 책임지는 온갖 곡식과 열매들은 잘 익어 가고 있겠지요?

한약재로 널리 알려져 있는 구기자는 이맘때 보라색 꽃을 피운답니다. 꽃이 지고 나면 작은 열매가 한줄기에 주렁주렁 달리지요. 구기자는 가지과에 낙엽관목(가을에 잎이 떨어지고 봄에 새잎이 나는 관목)으로 열매는 구기자라 하고 뿌리는 지골피(地骨皮), 어린잎은 구기엽(枸杞葉)이라고 부른답니다. 열매는 생긴 게 고추를 닮아 '개고추'라 불리기도 하지요. 예부터 마을 어귀나 둑 같은 곳에 절로 나서 자랐고 사람들은 울타리로 심어 가꾸기도 했답니다.

구기자는 한약재로만 이용 가능한 게 아니라 봄에는 나물로도 먹을 수 있답니다. 독성이 없어 봄에 올라오는 어린잎을 채취해 다른 나물처럼 무쳐 먹지요. 신기하게도 한약 맛이 난답니다. 어린잎을 건조시키면 피부미용과 혈액개선에 좋은 차로도 마실 수 있어요.

"구기자나무 아래 있는 우물물만 먹어도 효험이 있다."는 말을 혹시 들어보셨나요? 그만큼 구기자가 몸에 좋다는 뜻이겠지요. 구기자는 콜레스테롤 수치를 낮춰 주고 위장기능 활성화와 피로회복에 도움을 준다고 합니다.

열매도 좋지만 올가을에는 앙증맞은 보랏빛 구기자꽃을 즐겁게 감상하시고, 내년 봄에는 구기자 어린잎으로 나물을 무쳐 맛있게 먹어 보세요. '구기자도 나물로 먹을 수 있다는 사실' 잊지 마시고요.

제철 3~5월 / **자라는 곳** 밭둑, 마을 어귀 / **효능** 혈당저하, 콜레스테롤 저하, 면역 증진 / **어울리는 요리** 차, 무침

농사꾼을 불편하게 하지만,
특유의 향이 매력적인

개망초

유지원
화창한 봄날입니다. 집 주변의 풀을 살펴보는 것은 제 취미 중의 하나입니다. 오늘은 어떤 풀을 보게 될까요? 벌써 집 주위는 온통 초록빛깔이 됐네요.

오늘 보니 개망초가 가장 많이 올라왔어요. 개망초는 '계란꽃'이라고 불리는데, 번식력이 강해 농사꾼들에게는 불편한 식물이죠. 그래서 이름도 개망초랍니다. 개망초가 많으면 농사가

다 망한다고.

　아직 밭이 비어 있을 때 추위를 이겨 낸 꿋꿋한 개망초는 다른 나물처럼 데쳐서 먹기도 합니다. 된장찌개에 넣기도 하고, 시금치를 대신해 잡채에 넣을 수도 있어요. 또 개망초의 꽃봉오리를 따다가 튀겨 먹기도 한다네요. 오늘은 잎사귀를 따다가 무쳐 먹지만 다음에 꽃봉오리가 올라오면 꼭 튀겨 먹어 볼 거예요.

　개망초나물은 누구나 손쉽게 만들 수 있어요. 아주 살짝 익을 정도로 데친 다음에 찬물에 넣지 말고, 자연스럽게 식힙니다. 마음이 급하면 살살 흔들어 주거나 뒤적거려 줘도 되고요. 저는 고추장으로 간을 해요. 고추장에 다진 양파와 참기름을 넣고 손으로 잘 무치면 끝입니다. 너무 많이 데치거나 양념이 강하면 개망초 특유의 향이 없어지니 그것만 조심하세요.

　개망초는 우리 몸에서 소화 흡수를 돕고 장염, 복통, 설사를 치료하는 데 도움을 줘요. 소화가 잘 안 되는 사람에게 강력히 추천합니다. 특유의 향이 매력적인 개망초, 올봄이 다 가기 전에 꼭 먹어 보세요.

들나물 / 개망초

제철 4~8월 / **자라는 곳** 산, 들 / **효능** 해열, 장염·소화불량 해소
어울리는 요리 무침, 국, 튀김

고양이가 소화가 잘 안 될 때
먹는다는 새콤한

괭이밥

 다들 추석 잘 지내셨나요? 저는 서울에서 추석을 보내고 왔습니다. 가서 차례도 지냈고요. 추석음식을 너무 먹어 살이 포동포동하게 쪄서 집으로 돌아왔습니다. 그렇지 않아도 살집이 좀 있었는데 더 쪄서 내려왔으니 정말 열심히 운동을 해야겠어요.

요즘은 여러 경험을 쌓기 위해서 아르바이트를 하고 있습니다. 간단한 서빙을 맡았는데 덕분에 다양한 사람들을 많이 만나고 있어요. 아는 사람들도 있고요. 하지만 아르바이트를 하다 보니 집에 있는 시간이 별로 없어서 집안일을 도울 수가 없는 게 좀 안타까워요.

얼마 전, 도라지밭에 가보니 풀이 많이 자라 있던데 아무래도 어머니 혼자 풀을 매셔야 할 것 같습니다. 평일에는 도무지 시간이 나질 않으니 주말에 도와드려야지요. 평일 아침에는 일찍 나가서 저녁에 들어오기 때문에 나물을 제대로 볼 수 있는 때는 아침과 주말밖에 없어요.

아침에 일어나 도라지밭에 가 보니 괭이밥이 많이 피어 있었습니다. 우리 도라지밭은 정말 나물의 천국인 듯합니다. 갖가지 나물들이 많으니까요. 하지만 도라지를 더 중요하게 놓고 볼 때는 잡초가 맞겠지요. 괭이밥은 하트모양으로 세 장의 잎이 한 줄기에 붙어 있습니다. 보기에도 귀엽게 생겼지요. 하지만 신맛이 정말 굉장합니다. 고양이는 소화가 안 될 때 신 것이 먹고 싶은가 봐요. '괭이밥'이라는 이름이 그래서 붙은 것이라고 하니까요.

어쨌든 괭이밥을 따다가 집으로 가져와 손질한 뒤 고추장과 간장으로 초무침을 했습니다. 하지만 괭이밥 자체의 신맛이 너무 강해서 그만 실패한 나물이 되고 말았습니다. 그래서 어머니와 저는 조금 먹다가 먹지 못하게 되었지요. 하지만 아버지는 그렇게 시지는 않다며 드셨는데 그것을 어떻게 드시나 싶을 정도로 제 입에는 시었습니다. 아무래도 무치기 전에 미리 나물을 먹어 보고 해야 할 것 같습니다. 또 새로운 양념을 개발해야 할 것 같네요.

제철 4~9월 / **자라는 곳** 길가, 공터 / **효능** 항암 효과, 피부병·염증 진정
어울리는 요리 무침, 즙

고추장과
잘 어울리는
광대나물

유지원

변덕스러운 날씨에 잘 지내시나요? 요즘 날씨가 이상하다는 것은 느끼시는지요. 저는 나물들로 날씨가 어떤지 알아볼 수 있었답니다. 삼사월에 올라오는 나물들이 다시 올라오고 있다니 지난해 겨울까지만 해도 있을 수 없는 일이었으니까요.

나물들뿐만이 아니라 곶감도 피해를 입었습니다. 낮에는 따뜻하고 밤에는 차갑고 건조해야 잘 마르는데 요즘 날씨는 낮도 따뜻하고 밤에도 마찬가지였습니다. 비가 많이 와서 그런지 습기도 높아서 말려 놓은 곶감에 곰팡이가 피고 맛도 시고 계속 떨어지고 해서 저희 집 올해 곶감 농사가 엉망이 되었습니다. 앞으로가 걱정이 됩니다.

그래도 요즘 봄에나 올라오는 나물이 다시 올라왔으니까 무쳐 보는 것도 좋겠다고 생각해서 광대나물을 뜯어다가 무쳤습니다. 역시 봄나물보다는 부드러운 맛이 없더군요. 광대나물은 윗잎의 끝, 꽃피는 부분이 광대모자 같다고 해서 붙여진 이름이기도 하고 꽃모양이 코에 붙은 코딱지 같다고 해서 코딱지나물이라는 재미있는 이름으로 불리기도 합니다.

광대나물은 꽃이 피기 전에 먹는데요. 생으로 먹든 데쳐서 먹든 쌉싸름한 맛이 납니다. 광대나물은 고추장에 무쳤는데 우리 가족들 이야기가 고추장과 광대나물 특유의 쌉싸름한 맛이 잘 어울려서 맛있다고 하더군요. 하지만 광대나물의 쌉싸름한 맛이 본래의 맛이 아니라 날씨 변화로 인해서 가을에 나와 더욱 그런 것이 아닐까 하고 이야기를 나누기도 했습니다. 여러분들은 이런 날씨 변화에 대해서 어떻게 생각하시나요?

제철 3~6월 / **자라는 곳** 밭, 길가, 집 둘레 / **효능** 지혈, 인후염, 혈액순환
어울리는 요리 겉절이, 무침, 차

경칩과 함께 온
반가운 손님

꽃다지

유지원

봄비가 내리고 개구리가 뛰어노는 시기가 돌아왔습니다. 삼월의 절기인 경칩에는 개구리가 겨울잠에서 깨어난다고 하죠. 우리 집은 그 전날부터 개구리의 울음소리가 들려왔습니다. 저는 아랫동네에서 개가 짖는 소리인 줄 알았습니다. 자세히 들어보니 개구리가 단체로 우는 소리더군요.

경칩에는 개구리만 움직이는 것이 아닙니다. 나무뿌리도 물을 마시기 위해 아래로 뻗어 나가고 봄비를 맞은 새싹들도 땅

밖으로 나오기 시작하지요. 또한 한 해의 농사가 시작되는 날이기도 하고요. 우리 마을에는 복숭아, 포도가 많습니다. 그래서 나뭇가지 전지를 하고 밑거름도 주며 묘목도 심기 시작합니다. 경로당이나 보건소에만 계시던 할머니 할아버지들이 밖으로 나와 일을 하시는 모습도 볼 수 있었습니다. 그리고 옛날에는 보리싹이 나온 수로 그해 농사가 어찌될지 점을 쳤다고 들었습니다. 아쉽게도 우리 마을에는 보리가 없어서 올봄에 보리싹은 보지 못했습니다.

하지만 보리가 아니더라도 우리 집 텃밭에 마늘과 양파 싹이 나왔습니다. 산책하며 보면 집 주변 새싹들과 나물들이 의외로 많이 나온 것을 볼 수 있었습니다. 제일 먼저 올라온 것으로 말랭이(냉이의 한 종류)와 냉이, 꽃다지를 볼 수 있었습니다. 쑥도 올라오기를 기다렸는데요. 처음에는 안 보이는가 싶더니만 봄비가 한차례 내리고 나니 이제는 제법 많이 올라왔습니다.

제일 먼저 올라온 꽃다지는 꽃이 핀 것도 간간이 보입니다. 그래도 아직 작은 것들이 많기에 꽃다지를 채취하고 쑥과 냉이를 캐서 요리를 해 먹었습니다. 꽃다지는 초무침으로 먹었는데 데치지 않아서 그런지 흙냄새와 풀냄새가 났습니다. 그래도 처음 올라온 것이어서 씹는 맛이 부드러웠고 쑥과 냉이는 된장국을 끓이거나 죽에 넣어 먹었습니다.

따뜻한 봄이 와서 집 주변에 먹을 것들이 많아졌습니다. 여러분 주변에는 어떤 나물들이 자라는지 어떤 일이 일어나는지 둘러보고 있나요?

제철 3~5월 / **자라는 곳** 들, 공터 / **효능** 이뇨 작용, 황달·신장염 완화
어울리는 요리 무침, 국

달이 떠야 볼 수 있다는

달맞이꽃

김주혜 처서가 지나면 호미를 씻어서 걸어 둔다고 합니다. 이즈음에는 무성하게 자라던 잡초들이 더디게 자라기 때문이지요. 추석 성묘를 앞두고 산소를 정리하는 벌초도 처서가 지나야 하지요. 요즘엔 바쁘게 사는 현대인들을 위한 벌초대행업이 성행하지만 저희 집은 온 가족이 모여서 함께 합니다. 저와 동서들은 식사, 간식 준비를 하고 남자 형제들은 산소를 정리하지요. 요즈음 꽃을 한창 피우는 달맞이꽃을 아시는지요? 바늘꽃과에 두해살이풀인 달맞이꽃은 번식력이 강해 지역을 가리지 않고 자생하며 특히, 강가나 둑에서 흔하게 볼 수 있지요. 해가 지면서 피기 시작해 해가 뜨면 시드는 꽃. 달맞이꽃이란 이름은 '달이 떠야 볼 수 있다'고 해서 붙여졌답니다.

달맞이꽃은 꽃이 피기 전까지 줄기에 나는 새(곁)순을 나물로 먹습니다. 나물은 매운맛이 나 데친 후에 물에 담가 매운맛을 빼고 먹거나 말려서 묵나물로 먹을 수 있답니다. 꽃은 튀김, 꽃차, 샐러드, 화전으로 두루두루 해 먹을 수 있지요. 저는 찹쌀가루가 아닌 우리밀로 전을 만들어 보았습니다. 색다른 맛은 물론 고운 색감에 눈도 참 즐거웠습니다. 기회가 되면 꽃차도 만들어 보려고요. 뿌리는 성질이 따뜻하고 매워서 몸이 찬 사람에게 이롭다고 합니다. 이렇게 보니 달맞이꽃은 뿌리부터 꽃까지 버릴 게 없는 참 유용한 식물이 틀림없네요.

달맞이꽃은 몸에도 좋다고 합니다. 노화방지, 해열, 기관지염, 혈액순환에 도움을 준다고 하지요. 이런 효능들은 민간요법으로 전해 내려온 것이니, 약재로 사용하려면 전문가의 상담을 받는 게 좋습니다. 어떤 숲 해설가는 달맞이꽃 향기가 매혹적이라고 합니다. 꽃말은 그리움과 기다림이라네요.

제철 4~5월 / **자라는 곳** 공터, 하천가 / **효능** 안면홍조 진정, 불면증·우울증 감소
어울리는 요리 볶음, 튀김, 화전

도라지밭에선 잡초지만
밥상에선 맛깔스런 찬이 되는

명아주

유지원 한여름과 같은 날씨에 도라지가 밭에서 부쩍 자랐습니다. 파릇파릇 올라온 도라지순이 정말 귀엽습니다. 하지만 덤으로 잡초도 같이 올라왔어요. 도라지밭인지, 잡초숲인지 헷갈릴 정도여요. 우리 강아지가 숨으면 보이지 않을 정도거든요.

그래서 온 가족이 달려들어 모두가 풀을 뽑기 시작했어요. 정말 뽑고, 또 뽑아도 끝이 안 보입니다. 남동생은 트랙터로 밀자는 제안까지 했어요. 하지만 그러면 잡초뿐만 아니라 도라지까지 망가지게 되지요. 동생들이 학교 가고 혼자 풀을 뽑을 때는 강아지가 친구가 되어 주었어요. 혼자 있으면 늘 보던 것들도 좀 더 찬찬히 들여다보게 돼요.

수많은 잡초 중에서 유독 눈에 띄게 큰 것이 명아주입니다. 튼튼해서 옛날에는 명아주로 지팡이를 만들었다고도 해요. 《본초강목》에는 "명아주지팡이를 짚고 다니면 중풍에 걸리지 않는다."고 써 있다고 합니다. 다 자란 모습을 보고 싶지만 일단 도라지를 살려야 하기 때문에 지금은 잡초가 되어 뽑히는 중입니다.

버리기는 아까워 뽑은 명아주를 집에 들고 왔습니다. 부드러운 순들만 골라서 살짝 데친 뒤에 나물로 무치면 아주 좋은 반찬이 되거든요. 고추장, 참기름, 마늘을 넣고 무쳐서 상에 올렸는데 아버지는 바빠서 나가시고, 어머니도 먼저 먹고 나가시고, 여동생은 안 먹고, 남동생과 저만 먹습니다. 남동생은 매콤한 것이 맛있다네요. 명아주나물은 고추장보다는 간장으로 간을 하는 편이 더 어울리는 것 같습니다. 명아주는 콜레스테롤을 낮춰 주고, 생잎은 해독작용도 한다네요. 다이어트에도 좋고요. 명아주는 나물로 무치고, 된장국도 끓이고, 밥을 지을 때도 넣을 수 있으니, 맛있게 드시고 건강해지세요.

제철 4~5월 / **자라는 곳** 밭, 들판, 공터 / **효능** 중풍 예방, 장염 완화, 벌레 물린 데 진정
어울리는 요리 무침, 국, 밥

입맛 돋게 하는
쓴맛

민들레

김주혜 결실의 계절 시월은 기념일과 문화행사가 가장 많은 달이지요. 한살림 조합원과 생산자 회원이 풍요로운 수확에 감사하며 함께 만나 어우러지는 가을걷이 행사도 이맘때 열립니다. 지난해부터 한살림대전생협, 한살림천안아산, 한살림청주생협은 가을걷이 한마당 행사를 함께 진행하고 있습니다. 생산자들의 노고에 감사드리며 많은 조합원들이 함께 참여하는 '생산자·조합원 만남의 장'입니다.

이달에는 국화과에 속하는 여러해살이풀, 민들레에 대해 쓰려합니다. 보통은 이른 봄부터 올라오는 새순을 먹지만 꽃이 지고 난 요즘에도 먹을 수 있답니다.

쓴맛이 강한 민들레는 위와 심장을 튼튼하게 해 주며 위염이나 위궤양에 효능이 있다고 합니다. 또한 섬유질이 많아 변비 치료에도 효과가 있으며 콜레스테롤을 줄여 주고 피를 맑게 해주는 리놀산 성분이 풍부한 유익한 나물이지요. 한방에서는 뿌리와 꽃이 피기 전의 전초를 포공영이라 하여 약으로도 이용한답니다. 민들레는 쓴맛이 강하지만 다양한 요리를 해 먹습니다. 김치나 장아찌를 만들어 먹기도 하고 식욕이 없을 때 쌈채로 먹으면 특유의 쓴맛이 식욕을 돋워 준답니다. 저는 송송 썰어서 다른 채소와 함께 초고추장 무침을 만들어 비빔밥으로 먹는 게 좋더라고요. 토종민들레나 서양민들레 가리지 않고 둘 다 맛있게 먹을 수 있답니다.

토종민들레는 꽃받침이 꽃잎을 감싸며 위로 향하고 꽃을 1년에 한 번 피우는 게 특징입니다. 서양민들레는 꽃받침이 아래로 향하며 봄에 석 달 내내 꽃을 피운답니다. 우리가 길가에서 흔히 접하는 민들레는 서양민들레가 많지요. 오늘 저녁, 민들레의 꽃말 '내사랑 그대에게 나의 사랑을 드려요'처럼 사랑하는 가족들에게 민들레 요리를 해 주면 참 좋겠습니다.

제철 3~5월 / **자라는 곳** 풀밭, 과수원 주변 / **효능** 해열, 이뇨, 소염
어울리는 요리 김치, 장아찌, 쌈

여름의 기운이 가득한
방풍나물

김주혜
오늘 아침에도 변함없이 감나무에 찾아오는 반가운 손님, 새들이 무반주로 공연을 한답니다. 부지런한 새가 먹이를 많이 먹는다지요. 닭들만 새벽을 여는 게 아니더라고요. 5시만 되면 새들이 연주를 시작하니까요. 올해는 감나무에 영양이 부족한 탓인지 감꼭지가 너무 많이 떨어졌네요. 전문가에게 자문을 구해야 할 듯합니다.

풍을 예방한다는 방풍나물을 아시나요? 제가 사는 청주지역에선 한살림 지역물품으로 방풍나물을 공급했습니다. 어린순은 봄부터 무침으로 맛있게 먹을 수 있고, 뿌리는 두루두루 요긴하게 쓰인답니다. 감기, 두통, 발한, 거담에 효과적이고 어지럼증에도 효능이 있어 한약재로도 쓰입니다. 또, 술을 담가 마시기도 하며 건조시켜 차로도 사용한답니다.

방풍나물무침은 이렇게 만들 수 있어요. 국간장에 소금 약간, 깨소금과 들기름은 듬뿍 넣어 줍니다. 참기름도 좋지만 산나물류엔 참기름보단 들기름이 더 잘 맞더라고요. 아니면 데친 후 초고추장에 찍어 먹어도 됩니다. 고추장과 매실액을 넣고 무침을 하면 향긋한 맛을 느낄 수 있지요. 상큼한 맛을 원하시면 식초 몇 방울을 첨가해도 좋습니다. 향이 강한 나물이라 양념이 많이 필요하진 않아요. 참, 방풍나물 같은 산나물무침을 할 때 저는 물에 1시간 정도 꼭 우렸다 해요(혹시라도 유독성 식물이 섞여 있을지 몰라서지요).

무더워지는 요즘 나리꽃이 한창이랍니다. 나리꽃 구경하러 이번 주말에 야외로 나들이 가는 건 어때요? 땅만 보는 땅나리, 하늘만 보는 하늘말나리, 땅도 하늘도 아닌 중나리, 어떤 나리를 보러 갈까요? 저는 참으로 참나리가 좋아서 참나리 보러 가렵니다. 후후~

제철 3~5월 / **자라는 곳** 바닷가 모래 땅 / **효능** 신경통·관절염·중풍 예방
어울리는 요리 무침, 쌈, 볶음

초록 풀밭에
총총 하얀 별이 뜨다
별꽃

유지원 무지막지하게 비가 오네요. 만날 비가 오기도 하고, 팔월에 치를 검정고시 시험을 준비하느라 바빠서 오랜만에 밭을 둘러봤어요. 빗물을 흠뻑 머금고 풀들이 아주 무성하게 자랐네요.

이번 주말에는 생신을 맞은 외할머니께서 저희 집에 오셨어요. 생신선물로 뭘 드릴까 고민하다가 생신상에 예쁜 나물무침

들나물 / 별꽃

을 올렸어요. 별꽃나물. 별꽃은 밭이나 길가에서 흔하게 볼 수 있는 풀이어요. 꽃만이 아니라 풀 자체를 '별꽃'이라고 불러요. 꽃잎이 별처럼 귀엽게 생겼고, 무리 지어 피어 있는 것을 보면 밤하늘에 별이 총총 떠 있는 것 같아요.

별꽃나물은 꽃이 피기 전에 연한 순을 따서 만들어요. 엄마와 이모가 외할머니 생신상 차리는데 분주하셔서 방해가 될까 봐 얼른 별꽃순을 데쳤어요. 된장, 고추장을 섞은 쌈장으로 간을 했는데 조금 짜네요. 참기름을 살짝 넣고 버무렸더니 짠맛이 조금 덜해졌어요. 먹어 보니 쌈장은 맛이 강해서 간장으로 무치는 편이 나았을 것 같아요.

반찬으로 올린 별꽃나물을 삼촌이랑 이모들도 신기해 하네요. 무엇보다도 할머니가 나물을 맛있게 드셔서 뿌듯했어요. 별꽃은 치매, 파킨슨병에도 효과가 있다니 어르신들이 많이 드시면 좋을 것 같아요. 특히, 별꽃을 말려 낸 가루와 소금을 섞어서 이를 닦으면 잇몸이 튼튼해진다고 해요. 치약이 널리 쓰이기 전 우리 조상들은 그 가루로 이를 닦았다고 하니, 어떻게 알고 썼는지 참 신기하네요.

제철 2~6월 / **자라는 곳** 길가, 들, 빈 터 / **효능** 이뇨 작용, 맹장염·치통 완화
어울리는 요리 무침, 국 / **한살림 나물요리** ▶ 별꽃나물무침 148쪽

소의 무릎을 닮았다는
재밌는 이름의 나물

쇠무릎

김주혜

무더위와 함께 휴가철이 시작되고 청포도가 알알이 익어 가는 칠월입니다. 학생들이 손꼽아 기다리는 여름방학도 시작되지요. 요즘에는 중학생만 되어도 나들이 가는 부모들을 잘 따라다니지 않더라고요. 저희 집 아이들은 딸들이어선지 대학생 때까지도 휴가를 같이 보내곤 했지만요. 휴가지로는 파도치고 갈매기 우는 해수욕장도 좋지만 저는 풀벌레 소리, 계곡물 소리 자장가 삼아 모기한테 헌혈하며 야영하는 계곡을 더 좋아한답니다.

요즘같이 더운 여름에는 사람들이 키운 나물들은 구할 수 있지만 야생에서 자라는 산나물은 구하기가 어렵습니다. 단오를 기점으로 부드럽던 산나물들이 억세지고 독성이 생기거든요. 그래도 잘 찾아보면 있긴 하더라고요. 줄기 마디가 불뚝하니 소 무릎을 닮았다하여 '쇠무릎'이라 불리는 나물. 아마, 잘 모르실 거예요. 저도 이번 나물이야기 글을 쓰기 위해 공부를 하다 보니 알게 되었거든요. 그저 우슬(牛膝)이라고 하여 뿌리가 관절에 좋다는 것만 알고 있었지요.

쇠무릎은 비름과의 여러해살이풀로 산이나 들, 길옆에서 자라는데 위로 곧게 뻗으면서 가지가 옆으로 갈라진 모양입니다. 연녹색의 꽃이 모여 피고 열매에는 뾰족한 털이 달려 있어 사람의 옷이나 짐승의 털에 달라붙는 성질이 있답니다. 이번에 처음으로 어린순을 이용해 초고추장 무침을 해 먹어 보았습니다. 부드럽진 않지만 쇠무릎 특유의 향이 강하지 않아 적당히 먹을 만하더라고요.

예전에는 뱀에 물렸을 때, 응급처치로 쇠무릎의 줄기와 잎을 찧어 물린 부위에 발랐다고 합니다. 뿌리는 산후복통, 신경통, 관절과 그 주위의 염증을 가라앉히는 데 효과가 있고 통증을 멎게 해 준다고 하네요. 민간요법으로 닭발과 함께 넣고 달여 먹으면 관절염에 도움을 준다는 말도 있습니다. 이름에 무릎이 들어가 있으니 무릎 관절에는 더 효과가 있을 거란 재밌는 생각이 드네요.

수선화과인 상사화를 아시나요? 잎과 꽃이 영원히 만나지 못한다 해서 붙여진 이름인데 요즘 상사화꽃이 한창이더라고요. 올여름 한살림 가족들의 휴가는 피서지에서 가족들끼리 상사화처럼 서로 그리워하지 않게 온 가족이 함께 떠나면 좋겠네요.

제철 6~7월 / **자라는 곳** 들판, 공터, 주택가 / **효능** 요통·신경통·관절염 진정
어울리는 요리 무침, 차

부모님의 잃어버린 입맛을
되찾아 준 나물

쇠비름

유지원 검정고시가 끝이 났습니다. 그동안 열심히 준비해
온 것을 마무리 짓고 나니 홀가분하긴 한데 한편으
로는 점수가 걱정이 되기도 합니다. 시험 결과는 팔
월 말에 나온다고 하여 기다리고 있습니다.

시험이 끝이 났으니 당분간은 쉬기로 하고 어머니의 농사를
도우면서 앞으로의 계획을 짜고 있습니다. 물론 이곳저곳 놀러
도 다닐 생각입니다. 무주와 대구에도 가고, 물놀이도 가고. 또
온 가족이 함께 여행도 갈 겁니다.

그런데 무더위에 아버지와 어머니의 입맛이 싹 달아나 버렸습
니다. 이 더운 여름날 농사일을 하시느라 땀을 많이 흘리고 쉬지

도 못하셨으니, 몸이 힘들어서 입맛도 떨어진 듯합니다. 그래서 '상큼한 것을 잡수시면 입맛이 돌아오지 않을까?' 하는 생각에 아삭아삭하게 먹을 수 있는 돌나물과 요즘 한창 많이 나고 있는 쇠비름을 준비했습니다.

돌나물은 제철이 지나서 조금 억세졌기 때문에 잎사귀나 새순 부분만 뜯고, 쇠비름은 막 나오는 연한 순을 먹기 좋게 뜯어 맑은 물로 씻어 냈습니다. 하지만 이날 제가 대구에 가야 했기에 시간이 별로 없어서 무침도 좋지만, 비빔밥이 나을 것 같아 소박하게 준비해 놓고 칠판에 "돌나물과 쇠비름을 씻어 놓고 초고추장 만들어 놓고 갑니다. 먹고 소감 써 주세요." 라고 적어 놓고 떠났습니다.

돌아와서 보니 칠판에 지혜는 콩나물 비벼 먹는 것보다 맛있었다고 적었고, 한별이는 아삭아삭해서 비벼 먹으니 맛있었다고 했고, 어머니는 입맛이 없었는데 아삭하고 상큼해서 맛이 좋아 입맛이 확 돌았다 하지만 흙이 너무 많았다고 쓰셨고, 아버지는 상큼한 것이 아침에 기운을 솟게 하는 것 같아 좋았고 계속해서 부탁한다고 써 놓으셨습니다. 소감을 보면서 혼자서 굉장히 웃었습니다. 다음에도 이렇게 칠판에 소감을 적도록 하는 것이 좋겠다고 생각하면서요.

하지만 어머니가 흙이 너무 많이 씹혔다고 하셨기에 열심히 씻었는데 그렇다고 말씀드리니 비가 온 날은 흙이 많이 들어가서 세 번 이상은 씻어야 한다고 하시더군요. 그래서 다음부터는 비가 오든지 오지 않든지 꼭 여러 번 씻어야겠다고 마음먹었습니다.

제철 4~8월 / **자라는 곳** 밭, 공터 / **효능** 당뇨 예방, 혈액순환, 항암 효과
어울리는 요리 무침, 발효음료, 죽

이름처럼 커다랗고,
효능이 많은

왕고들빼기

김주혜 지난달엔 역사에 기록할 만한 일들이 참 많았습니다. 체온보다 높은 온도 아니, '가마솥 같은 불볕더위'라는 표현이 적합하겠네요. 그리고 역대 올림픽 출전 사상 최고라는 금메달 13개에, 열광의 도가니였던 올림픽 축구 대표팀의 준결승전! '아~ 대한민국'이 아직도 메아리치는 듯합니다.

올림픽이 끝났지만 여전히 기후는 극과 극으로 치닫고 있네요. 열대야! 폭염! 국지성호우! 우리가 안고 가야 할 숙제인 것 같습니다. 이런 환경 속에서 자라야 하는 식물들은 별탈이 없나 모르겠네요. 봄부터 초가을까지 먹을 수 있고 생명력이 강한 왕고들빼기는 잘 자라고 있을까요?

논둑이나 밭둑, 길옆에서 흔히 볼 수 있는 왕고들빼기는 '왕' 자가 붙을 만하지요. 고들빼기는 기껏 자라야 40cm인데 왕고들빼기는 1~2m까지 자라니까요. 왕고들빼기는 제가 어릴 적에 '수애똥'이라고 칭하고 토끼 밥으로 주었지 사람들이 먹지는 않았습니다. 그런데 언제부턴가 쓴맛이 몸에 이롭다는 이유에서인지 사람들이 먹기 시작하더라고요.

왕고들빼기의 순을 자르면 진한 흰색의 즙이 나온답니다. 곁순을 송송 썰어서 초고추장 무침을 하면 쌉싸래한 것이 먹을 만하더라고요. 삼겹살 한 점에 상추랑 곁들여 먹으면 누린내도 없애 주고 입맛도 돋워 준답니다.

왕고들빼기는 해열, 염증, 종기, 부스럼을 낫게 하는 효능도 있습니다. 생즙을 내 먹거나 혹은 달여 먹기도 하고 민간요법으로 짓찧어서 종기 난 환부에 바르기도 한답니다. 올가을엔 키가 크면서 담황색 꽃을 피우는 왕고들빼기를 눈여겨보세요.

제철 4~8월 / **자라는 곳** 들, 공터 / **효능** 해열, 종기·염증 해소
어울리는 요리 무침, 쌈, 장아찌

밭에서 나는 나물

밭에서도 자라는 나물이 있다.
무척이나 반갑고 고마운 일.
덕분에 들로 산으로 나가지 않아도 되고
제철이 아니더라도 나물을 맛볼 수 있다.

밥상의 요긴한 반찬거리

고구마와 고구마줄기

김주혜 들녘에 금빛 물결 출렁이는 풍요로운 수확의 계절. 농부들의 손놀림이 더욱 바빠지고 있습니다. 고구마도 수확이 한창인데요. 어릴 적 긴긴 겨울 동안 소중한 간식거리가 되어 주던 고구마, 그리고 우리 밥상에 요긴한 반찬거리가 되는 고구마줄기에 대해 이야기해 보겠습니다.

고구마는 서리가 내리기 전에 수확을 해야 하지요. 척박한 땅에서도 잘 자라고 양분을 빨아들이는 힘이 매우 좋으며 줄기가 뻗어 나가는 힘 또한 대단합니다. 줄기에서도 고구마가 달리기 때문에 넝쿨을 자주 뒤집어 주어야 땅속에 있는 고구마에만 영양이 집중돼 실하게 굵어집니다. 고구마 종류에는 수분이 많고 달달한 호박고구마, 밤처럼 포슬포슬한 밤고구마, 샐러드나 묵을 만들면 환상적인 보라색이 나는 자색고구마가 있습니다.

생명력이 강한 고구마줄기는 7월부터 고구마를 캐기 전까지 먹을 수가 있는데요. 고구마줄기는 껍질을 벗길 때 소금물에 살짝 담갔다가 벗기면 수월합니다. 아니면 끓는 물에 데쳐도 좋고요. 볶음 요리를 할 때는 이렇게 해 보세요. 소금으로 간을 하고 들깻가루와 파, 마늘 양념을 하면 깔끔한 요리로 변신합니다. 물을 자작하게 붓고 끓이면 어르신들이 드시기에도 괜찮고요. 고구마줄기로 김치도 담글 수 있는데, 아주 별미입니다. 살짝 데친 고구마줄기에 멸치 액젓, 매실액, 양파, 당근, 통깨, 마늘, 부추를 넣고 배추김치 담그듯이 하면 됩니다. 부추는 솔부추로 하면 더욱 좋고요.

고구마줄기에는 칼슘과 칼륨 성분이 많아 골다공증, 고혈압 예방에 좋으며 비타민이 풍부해 노화 방지에도 좋다고 합니다. 고구마에는 섬유질이 많아 변비 예방에 좋은 건 다들 아시지요? 고구마줄기도 많이 먹으면 장이 좋아져서 변비나 장 질환에 크게 도움이 된답니다. 깊어 가는 가을 일교차가 심한데요. 환절기 삼가 조심하세요.

제철 7~10월 / **자라는 곳** 밭 / **효능** 골다공증, 변비예방, 고혈압예방
어울리는 요리 무침, 볶음, 김치 / **한살림 나물요리** ▶ 고구마순볶음 138쪽

쌉쌀한 맛이
입맛을 돋우는

고들빼기

유지원

여름이 지나가고 가을이 되었지만 요즘 날씨가 추웠다가 더웠다가 갈팡질팡하지 않나요? 저도 갑작스러운 날씨 변화에 당황스럽고 적응이 잘 되질 않습니다. 그래서인지 우리 아버지께서 기운이 없으십니다. 갑작스러운 날씨 탓인가? 왜 그런지 알 수가 없어 답답하기만 했습니다. 그러다 아버지께서 할머니의 고들빼기김치가 먹고 싶다고 하시더군요. 마침 잘되었다고 생각했습니다. 가을철이라 입맛도 잃으신 데다가 속도 많이 안 좋다고 하시는 요즘, 위장과 소화기능을 높이는 고들빼기야말로 제격이라고 생각했습니다.

그래서 할머니께 전화해 요리법을 알아보았습니다. 제가 할머니께 먼저 전화를 드리고 통화를 한 것은 이번이 태어나서 처음입니다. 보통 아버지나 어머니께서 할머니와 통화하실 때 옆에 있다가 바꿔서 통화한 기억밖에 없으니까요. 약간 긴장하며 통화를 했는데 할머니께서는 정말 반갑게 받아주셔서 좋았고 또, 할머니의 노하우가 담긴 고들빼기김치 요리법을 배우는 것이 참 즐거웠습니다. 고들빼기김치로 인하여 할머니와 소통하게 되어 기쁘기도 했고요.

할머니의 요리법을 듣고 옆집 할머니네 포도밭에 가서 고들빼기를 캐 왔습니다. 캐 온 고들빼기는 사흘 동안 물에 담가 쓴맛을 뺐습니다. 처음에 하루 정도만 쓴맛을 빼고 얼마나 쓴지 먹어봤다가 다음날 새벽부터 배가 아파 화장실을 들락날락 했습니다. 위장이 놀란 것이지요. 하지만 너무 오랫동안 담가 두면 잎이 무르게 돼서 못 먹게 됩니다. 물을 갈아 주면서 쓴맛을 빼내고 액젓, 고춧가루, 마늘, 생강, 쌀풀, 쪽파를 넣고 버무렸는데 쓴맛이 강해 홍시를 넣었습니다. 쓴맛이 좀 덜 빠졌지만 아버지께서 맛이 괜찮다고 맛있게 드셔서 뿌듯하고 즐거웠습니다. 여러분들도 이맘때 직접 담근 고들빼기김치로 부모님께 식사 한 끼 대접해 보세요.

제철 4~5월, 9~10월 / **자라는 곳** 산, 들, 공터 / **효능** 항암 작용, 당뇨 예방, 식욕 개선
어울리는 요리 무침, 생채, 김치

꺾어도 꺾어도
다시 나는 생명력의 상징

고사리

 한살림 가족 여러분 새해 복 많이 받으십시오. 나물 이야기를 쓴 지도 어느새 스무 달이 지났습니다. 시간 참 빠르네요. 봄여름에는 다양한 나물이 지천이라 소개할 게 많습니다. 하지만 겨울에는 말린 나물밖에 없어, 이맘때에는 어떤 나물을 소개할지 항상 고민입니다. 다행히 겨울에도 쉽게 만날 수 있는 말린 고사리가 떠올라, 그 이야기를 하려 합니다.

고사리는 이른 봄부터 여름, 가을까지 나는 나물이지만 보통은 생고사리보다 말린 고사리를 많이 먹습니다. 차례상에 빠지지 않고 올라가는 삼색나물 중 하나로, 우리 민족이 오랫동안 먹어온 나물이기도 하지요. 생각해 보니 이달 말에 민족 고유의 명절 설날이 있네요. '설'이란 새해의 '처음'이자, '첫날'을 의미합니다. 이런 날 정성스럽게 차리는 차례상에 고사리를 올리는 이유는 꺾고 또 꺾어도 끝내 올라와 피고 마는 고사리의 생명력 때문입니다. 조상들은 고사리의 생명력처럼 집안 자손이 대대손손 이어질 거라 여겼답니다.

고사리는 볶음용으로 많이 쓰이고 육개장이나 찌개 등에 들어가 깊은 맛을 내는 재료로도 쓰입니다. 먹기 전에는 질긴 식감을 부드럽게 하기 위해 간단히 손질을 합니다. 생고사리는 삶고, 말린 고사리 역시 삶아 하루 정도 물에 불려야 합니다. 너무 오래 삶으면 흐물흐물해지니 신경을 써야 합니다.

조기찌개에 고사리를 넣어 먹으면 맛이 참 좋습니다. 다른 찌개와 달리 조기찌개용으로는 말린 고사리보다는 생고사리 삶은 게 잘 어울린답니다. 다만 고사리에서 비릿한 맛이 날 수 있으니 삶은 생고사리를 넣기 전에 살짝 말려야 합니다. 고사리를 볶아 먹을 땐 이렇게 해 보세요. 냄비를 불에 충분히 달군 뒤 들기름에 고사리를 달달 볶습니다. 다음으로 들깻가루를 듬뿍 넣고 쌀뜨물도 넣어 자작하게 볶아 줍니다. 식성에 따라 간장과 소금으로 간을 하면 완성입니다. 파, 마늘을 굳이 넣지 않아도 맛이 좋습니다. 고사리와 들깻가루가 어우러져 구수하면서도 깔끔하거든요.

조기찌개 이야기를 하니, 고사리 꺾을 봄이 기다려집니다. 아직 겨울이 한창이니 조금 먼일이긴 하네요. 그래도 한살림에는 겨우내 말린 고사리도 나오고 삶은 고사리도 나옵니다. 참 편하고 감사한 일입니다.

제철 4~7월 / **자라는 곳** 산, 들판 / **효능** 해열 작용, 변비 예방, 면역력 향상
어울리는 요리 볶음, 전, 찌개

양념장만 있으면 밥으로 뚝딱

곤드레

김주혜 십이월에는 1년 중 밤이 가장 길다는 동지가 있습니다. 예전에는 동지에 책력(한 해의 날짜와 절기 등을 날의 순서에 따라 적은 책)을 선물하는 풍속이 있었지요. 정보가 귀했던 시기에 책력은 농부들이 씨 뿌리는 날, 곡식 거두는 날 등을 가늠해 보도록 도와주는 역할을 했다고 합니다.

밭 나물 / 곤드레

이번에 소개할 나물은 곤드레입니다. 국화과에 속하는 여러살이해풀이며 산과 들에 자생합니다. 고려 엉겅퀴라는 이름으로도 불리듯 곤드레꽃은 엉겅퀴꽃과 닮기도 했습니다.

지금은 겨울이어서 곤드레를 보기 힘들지만 한살림에서 냉동 곤드레를 공급하고 있습니다. 덕분에 한겨울에도 집에서 어렵지 않게 곤드레를 맛볼 수 있답니다.

곤드레는 무쳐 먹는 나물보다 곤드레밥으로 잘 알려져 있습니다. 곤드레밥은 양념장만 있으면 뚝딱 만들 수 있어 새내기 주부도 손쉽게 도전해볼 만합니다. 물에 불린 쌀을 들기름에 볶다가 밥물을 맞추고 곤드레를 위에 올려 밥을 짓습니다. 밥이 다 되면 식성에 따라 된장이나 간장 양념장을 곁들입니다. 구수한 곤드레밥 완성! 정말 간단하고 쉽지요?

곤드레에는 비타민A, 칼슘, 단백질, 섬유질이 풍부하게 들어 있습니다. 이중 섬유질은 우리 몸의 혈중 콜레스테롤을 낮춰줘 지혈작용, 혈액정화, 체력향상에 도움을 줍니다.

제철 4~9월 / **자라는 곳** 산, 들, 그늘진 곳 / **효능** 고혈압 예방, 소염 작용
어울리는 요리 무침, 국, 밥 / **한살림 나물요리** ▶ 곤드레밥과 달래장 140쪽

봄나물의 으뜸,
향긋한

냉이

김주혜

곧 있으면 우리네 큰 명절인 설날입니다. 지난해, 윤달이 들었던 이유로 올해 설날은 입춘을 지나 엿새째 되는 날에 자리를 잡았네요. 어릴 적 설날을 손꼽아 기다리던 아련한 추억들이 불현듯 생각납니다. 가래떡을 뽑으러 가신 어머님을 기다린다고 창호지문을 여닫으며 참 많이도 들락거렸지요. 외지에 나가신 삼촌이 언제 오나, 시린 발을 동동거리며 마을 어귀에서 서성이던 기억도 있고요. 저는 위로 언니가 있고 아래로 남동생이 있는 탓으로 언니 옷을 물려 입기가 일쑤였습니다. 그래서 명절 대목장을 보러 가신 부모님께서 설빔으로 무엇을 사오실까 하는 기대도 많이 했습니다. 요즘 아이들은 실감할 수 없는 일이겠지요? 아마 세뱃돈의 많고 적음이 설날, 요즘 아이들의 큰 관심사가 아닐까 싶네요.

설날을 보낸 뒤에는 겨우내 시원하고 맛있게 먹었던 동치미 맛이 이상하게 떨어지고 푸성귀 생각이 나기 시작합니다. 다행히 땅이 녹기 시작하는 우수가 지나면, 이에 발 맞춰 봄나물의 으뜸인 냉이가 나풀거리는 잎을 조심스레 내밀지요. 냉이는 단백질 함량이 높고 비타민A가 풍부해 숙취 해소에 도움을 주며 눈을 맑게 해 주는 효능이 있다고 합니다. 냉이에 함유된 무기질은 끓여도 파괴되지 않아 높은 온도의 요리를 해 먹어도 그 영양을 충분히 흡수할 수 있지요. 우리 몸을 이롭게 해주는 냉이! 식탁에 한 번쯤은 꼭 올려보고 싶지 않으세요?

냉이는 국이나 무침으로 많이 먹습니다. 초고추장에 버무려 상큼하게 먹기도 하지요. 멸치 액젓에 깨소금과 참기름을 넣고 조물조물 무침을 해 먹으면 냉이의 향긋한 향이 잘 살아난답니다. 부침개에 넣어 먹기도 하고 해물탕, 된장찌개 등의 재료로 두루두루 다양하게 쓰이지요. 냉이를 고를 땐 뿌리가 굵은 것을 고르는 게 좋습니다. 냉이가 흔한 나물이긴 하지만 캘 시기를 놓치면 금세 꽃대가 올라오고 뿌리에 심이 생겨 질겨진답니다. 대동강 얼음도 녹는다는 우수기 지나면 냉이 캐러 부지런히 나서야겠지요?

제철 2~3월, 10~11월 / **자라는 곳** 밭 주변 / **효능** 이뇨·지혈·해독 작용
어울리는 요리 무침, 전, 튀김 / **한살림 나물요리** ▶ 냉이바지락볶음 142쪽

힘들 때
입맛을 돋게 하는
달래

 유지원
　　드디어 우리 집에 닭이 들어왔습니다. 며칠 전부터 어머니, 아버지께서 바쁘게 움직이시는 듯하더니 얼마 지나지 않아 닭이 들어왔습니다. 아직은 작고 작은 병아리입니다.

　어머니, 아버지를 도와 병아리를 나르는데 노랗고 작은 병아리들이 뭉쳐서 소리를 내는 게 정말 귀여웠습니다. 꼭 솜뭉치가 왔다 갔다 하는 것 같아 귀엽고 촉감 또한 보드라워 한참 만지기도 했습니다. 그리고 여러 마리가 뭉쳐 있는 건 볼 만한데 수십 마리가 뭉쳐 있으니까 눈도 까만 게 우글우글 있어서 그런지 좀 징그럽다는 느낌이 들었습니다.

이런 병아리들은 작고 귀여우면서도 굉장히 민감합니다. 얼마나 민감한지 휴대전화 소리나 커다란 목소리가 나면 모든 병아리들의 시선을 받게 됩니다. 병아리를 돌보거나 근처에서 일을 할 때는 조용조용 소리를 낮춰 스트레스를 덜 받게 해야 합니다.

병아리를 받기 전에는 병아리가 편히 있을 수 있도록 많은 것을 준비해야 합니다. 어머니, 아버지의 고초가 이만저만이 아닙니다. 병아리 들어오기 전날에는 아버지가 안 계셔서 어머니 혼자 양계장을 준비했습니다. 제가 많이 도와드리지 못해서 어머니께서 많이 고생하셨습니다.

그래서 그날 점심으로 힘들 때 입맛을 돋게 하는 달래무침에 밥을 비벼서 달래비빔밥을 해 먹었습니다. 비빔밥은 준비하는 시간이 짧기 때문에 바쁠 때 빨리 만들어 먹을 수 있습니다. 무침에다 비비기만 하면 되니까요. 달래에 간단히 참기름, 진간장, 조선간장을 섞어 넣고 고춧가루를 뿌려 무친 다음 밥과 비벼서 김장김치를 쭉쭉 찢어 얹어 먹으니 정말 힘들 때 입맛이 돋아 어머니와 맛있게 먹었습니다.

하지만 봄나물인 달래를 지금 먹어서 그런지 봄 달래 먹을 때보다 질기고 톡 쏘는 맛이 강했습니다. 날씨가 더웠다 추웠다 하니 그런 것이 아닐까요? 그래도 맛이 있었던 것은 아무래도 어머니와 한 그릇에 신나게 비벼서 먹어서가 아닐까 하는 생각이 듭니다. 여러분들도 저녁에 가족이 다 같이 큰 그릇에 비빔밥을 비벼 먹는다면 정말 맛있지 않을까요?

제철 2~4월 / **자라는 곳** 산, 들 / **효능** 복통 완화, 혈액순환, 기력 회복
어울리는 요리 무침, 겉절이, 국

사포닌 가득
건강에 좋다는

더덕

 김주혜

요즘 날씨가 참 이상합니다. 가을에 어울리지 않게 덥거나 추운 날이 잦네요. 해가 거듭될수록 뚜렷한 사계절이 사라지고 춘추절기가 짧아지는 게 온몸으로 느껴집니다.

이맘때는 집집마다 겨우내 먹을 김장 준비로 분주하지요. 김치 종류는 지역마다 차이가 있지만 배추김치, 총각김치, 파김치, 갓김치, 동치미 등 다양합니다. 김치에 들어가는 양념은 제일 중요한 고춧가루를 비롯해 마늘, 생강, 통깨 그리고 김치맛을 좌

우하는 젓갈류가 있습니다. 부재료인 무, 갓, 쪽파까지 다듬어 김치를 담그기까지 여러 과정을 거치는데요. 그나마 절임배추를 이용하면 수고가 좀 덜어집니다. 김장하는 날 갓 버무린 김치 한 쪽 찢어 돼지수육과 먹는 것도 빼놓을 수 없는 즐거움이지요.

바쁠수록 음식을 잘 먹어 건강을 챙겨야 합니다. 이번 달에는 몸에 좋기로 소문난 더덕을 소개하려고요. 더덕은 초롱꽃과에 속하는 여러해살이풀로 이른 봄에는 어린순을 나물로 먹고 뿌리는 사계절 내내 먹을 수 있습니다. 고소하면서도 단맛과 풍부한 섬유질이 만들어 내는 쫄깃한 식감이 일품이지요. 더덕은 껍질에서 끈적거리는 진액이 나와 껍질 벗기기가 좀 번거롭습니다. 따라서 손질할 때 끓는 물에 살짝 데치거나 냉동실에 살짝 얼렸다 손질하면 진액이 나오지 않아 수월합니다. 껍질 깐 더덕은 요리하기 전에 칼등이나 절굿공이로 두드려 부드럽게 만드는데, 너무 세게 두드리면 부서질 수도 있습니다. 손질한 더덕은 무침으로 먹어도 좋지만 고추장 양념을 해 구워 먹으면 더덕의 맛과 향이 더욱 진해져 절로 식욕이 돋는답니다.

더덕은 각종 비타민, 칼슘, 단백질을 함유하고 있고 인삼처럼 약효가 뛰어나다 하여 사삼(沙蔘)이라고도 불립니다. 그만큼 암과 천식에 좋다는 사포닌이 풍부하답니다. 더덕을 말린 뒤 달여서 복용하면 가래나 기침에 좋고 위를 보호하는 효능도 있답니다. 또한, 감기를 예방하고 면역력을 높이는 데도 도움을 주지요. 바쁘기도 하고 겨울을 코앞에 두고 있는 요즘 맛좋고 건강한 더덕 요리로 감기 예방하세요.

제철 연중 / **자라는 곳** 산 / **효능** 가래 해소, 강장, 해열
어울리는 요리 구이, 무침, 생채

오곡밥과 함께 먹는 아홉 가지
대보름나물

 김주혜

설 명절은 어떻게 보내시는지요? 저희 집은 시댁 아버님 형제들이 여섯이고 저희 아버님이 여섯 번째라 정오가 다 되어서 차례를 지냅니다. 따라서 저희 조카나 시동생들은 큰집부터 집집마다 차례로 인사를 하기 위해 이른 아침부터 청주 시내를 누빈답니다. 이제는 사라져 가는 풍속 중 하나이지요.

설을 쇠고 나면 풍년을 기원하는 정월 대보름이 있습니다. 새해 들어 처음 맞이하는 보름은 예부터 농사의 시작일이라 하여 다양한 풍속이 있지요. 해충을 없애는 의미에서 쥐불놀이를 하고, 잡귀를 쫓아내고 복이 깃들기를 바라며 지신밟기를 합니다. 그해의 액운을 멀리 날려 보낸다는 뜻으로 연날리기를 하며 풍년을 기원하고 달집도 태웁니다. 이뿐만이 아니지요. 대보름날 해뜨기 전, 부럼을 깨물고 귀밝이술을 마시고 '내 더위 사라'며 더위를 팔기도 하지요. 제가 어릴 적에는 어머니께서 대보름 전날, 시루떡 위에 정화수를 올려놓고 풍년을 기원하며 고사를 지내곤 하셨답니다.

대보름 전날에는 점심을 굶고 이른 저녁으로 아홉 가지 대보름나물과 아홉 그릇의 밥을 먹는다는 풍습도 있습니다. 대보름나물은 지난해 삶아서 말린 묵나물들로 만드는데, 종류가 참 다양합니다. 취나물, 가지말림, 박고지, 고사리, 도라지, 고비, 토란대말림, 고구마줄기, 호박고지, 다래순, 아주까리잎 같은 나물들이 있지요. 묵나물은 잘 삶아서 찬물에 하루 정도 우려 두었다가 먹습니다. 묵나물도 보통 나물처럼 들기름으로 볶음을 하거나 무침을 해야 나물 특유의 맛과 향을 제대로 느낄 수가 있습니다.

이번 대보름에는 밥은 오곡밥(찹쌀, 수수, 차조, 팥, 검정콩)을 짓고 나물은 아홉 가지는 아니더라도 서너 가지 정도 만들어 가족들이 함께 대보름의 의미를 되새기면 어떨까요? 참, 그리고 이월 중순에 한살림 대보름 행사가 전국의 한살림 생산자 공동체에서 열린답니다. 한살림 조합원과 생산자 회원이 즐겁게 어우러져 대보름 풍습도 즐기고 함께 풍년을 기원하면 좋겠습니다.

대보름나물은 지난해 만들어 놓은 다양한 묵나물로 만듭니다.
한살림 나물요리 ▶ 대보름비빔밥 146쪽

식욕을 돋우는
자연의 선물

돌나물

김주혜

유난히도 봄을 기다렸습니다. 길고 긴 겨울은 아마도 윤삼월 때문이었던 듯합니다. 어느 때부터인지 기후변화 탓에 뚜렷했던 계절 구분이 희미해져 버렸습니다. 봄가을이 짧아졌습니다. 봄이 짧아진 만큼 여름이 성큼 다가옵니다. 계절의 여왕이라는 오월을 대표하는 꽃인 장미가 울타리마다 불타오르듯 붉디붉게 물들겠지요.

밭 나물 / 돌나물

들녘에선 대표 봄나물인 달래, 냉이가 쇠고 홑잎나물이 돋아납니다. 옛말에 "부지런한 며느리 홑잎나물 세 번 딴다"고 했습니다. 살포시 얼굴을 내밀었는가 하면 금세 잎이 펴져 버리기 때문에 그런 말이 생겼나 봐요. 메말랐던 나뭇가지에도 연둣빛으로 앞다투어 물들일 새순들이 하루가 다르게 돋아나고 있네요. 자연은 정말 신비스럽지요.

식욕을 돋워 주는 봄나물 가운데 돌나물은 새콤달콤한 초고추장에 버무려 먹기도 하지만 물김치로 담가 먹기도 해요. 돌나물은 주무르면 풋내가 나기 때문에 살살 다루어야 한답니다. 돌나물은 생명력도 무척 강합니다. 언제인가 돌나물을 냉장고에 누렇게 뜨도록 보관한 적이 있었는데 먹기도 그렇고 버리자니 아깝고 해서 화분에 심었더니 살아나서 노란 꽃까지 피우더라고요. 강인한 생명력만큼 몸에도 좋겠지요?

마음의 여유도 누릴 겸 시간을 내서 교외로 나가 산과 들을 감상해 보세요. 봄꽃들의 향연이 이어지고 녹음이 짙어 가는 오월, 싱그러운 계절처럼 우리의 몸에도 건강의 기운이 가득하길 기원합니다.

제철 4~5월 / **자라는 곳** 산, 들, 습한 곳 / **효능** 간 강화, 칼슘부족·골다공증 예방
어울리는 요리 무침, 김치, 겉절이 / **한살림 나물요리** ▶ 돌나물사과무침 144쪽

쌉싸래한 맛이
매력적인

머위

김주혜 올봄 유난히 심했던 이상기후로 농작물 피해가 클까 봐 걱정입니다. 특히, 과실나무들이 염려되는데요. 꽃이 만발할 시기에 날이 추워 제대로 꽃이 피지 못해 열매가 잘 맺힐지 모르겠네요. 강원도 산간 지역 같으면 늦은 봄에 눈발이 날리고 잔설이 있는 게 놀랄 일은 아니지만 제가 사는 충청권에서 봄에 눈을 보는 일은 극히 드뭅니다. 그렇기에 봄꽃들의 향연이 한창이던 4월 중순께 충북 영동 지장산에서 만난 폭설은 잊을 수 없는 광경이었지요. 추위뿐 아니라 일교차도 심하고 일조량도 고르지 못해 한창 뿌리내릴 때 고생했을 여러 밭작물들도 잘 자라고 있을지 궁금합니다.

그래도 더위는 어김없이 찾아와 여름을 눈앞에 두고 있는데요. 현재 한살림에 공급 중이고 이른 봄부터 초여름까지 먹을 수 있는 머위를 소개하려 합니다. 산과 들, 길가에서 흔히 볼 수 있는 머위는 습기가 있는 곳에서 잘 자라는 자생식물입니다. 겨울에 꽃을 피운다 하여 머위꽃을 관동화(款冬花)라 부르기도 하는데요. 땅에 바짝 붙어 피어나기 때문에 꽃인지 풀인지 구분하기 어렵지요. 작은 꽃송이가 모여 덩어리 꽃을 이루는데 향기는 없지만 그 모습이 마치 작은 부케를 연상하게 한답니다.

머위는 뿌리에서 잎까지 섬유질을 많이 함유하고 있고 호흡기질환에 도움을 줍니다. 부위별로 나누면, 잎은 이뇨작용을 원활하게 해 주고 뿌리는 달여서 그 물을 마시면 기침을 멎게 해 준다고 하네요. 우리 몸에 좋은 머위는 맛도 좋으니 한 번쯤은 꼭 먹어볼 만합니다.

머위는 다양하게 요리해 먹을 수 있습니다. 꽃봉오리는 튀김용으로, 어린잎은 장아찌로 가능하고요. 데친 어린잎은 된장이나 양념간장을 넣어 쌈으로 먹거나 나물로 무쳐 즐길 수도 있습니다. 요즘엔 잎이 크고 억센데다 쓴맛이 강해 줄기 위주로 먹는데요. 줄기는 데친 후 얇은 막을 벗겨 내고 파, 마늘 양념과 들깻가루를 넣어 쌀뜨물로 자작하게 볶아야 머위 특유의 향을 즐길 수 있습니다. 쌉싸래한 맛이 매력적인 머위나물, 오늘 저녁 밥상에 올리면 아주 좋을 거랍니다.

녹음이 짙어만 갑니다. 올해도 변함없이 무더위와 장마가 찾아오겠지요. 막상 닥쳐서 기운 빠지기보다 더위에 대비해 건강관리를 해 두면 좋겠지요. 생명의 기운 가득 담긴 머위나물 먹고 미리미리 건강을 챙기자고요.

제철 3~6월 / **자라는 곳** 논둑, 밭둑, 습한 곳 / **효능** 이뇨 작용, 기침·호흡기질환 진정
어울리는 요리 장아찌, 튀김, 쌈

김장철에
온 가족이 함께 만들어 먹는
무말랭이

 또, 한 해가 저물어 갑니다. 마지막이라는 단어를 떠올리니 숙연해지기도 하네요. 한살림 가족들 모두 공사다망했을 한 해 마무리도, 희망찬 새해맞이 준비도 잘 하시기 바랍니다.

 보통, 이맘때 김장들을 합니다. 저 어릴 때는 십이월에 김장을 많이 했습니다. 보관 때문에도 그렇지만 믿거나 말거나 추울 때 김장을 해야 맛이 좋다는 설도 있었지요. 김치냉장고가 없으니 갓 담근 김치는 땅속에 묻은 김장독에 보관하고 그 위에 짚으로 엮은 작은 지붕을 얹어 눈비를 가리며 김장독에 흙탕물 튀는 것도 방지했습니다.

 저는 올해 총각김치, 배추김치도 담갔고요. 늙은 호박 삶은 물로 지고추와 함께 담근 동치미에, 텃밭에 심은 쪽파로 파김치까지 담가 겨울 날 준비를 든든하게 마쳤답니다. 예전에는 김장할 때 김장김치 담그고 남은 무로 무말랭이무침도 함께 만들곤 했습니다. 무말랭이는 고소한 맛과 꼬들꼬들한 식감이 매력적인 별미인데요. 무말랭이 만드는 방법은 간단합니다. 무를 적당한 크기로 썰어 채반에 널어 건조시키거나, 실에 꿰어 양지바른 쪽에 매달아 두면 되지요.

무말랭이를 맛있게 먹으려면 물에 적당히 잘 불리는 게 중요합니다. 물에 너무 오래 담가 두면 물컹해 식감이 떨어지고 덜 불리면 질겨서 먹기 힘드니 1시간 전후로 불리는 게 제일 적당하더라고요. 지금이야 무가 흔해 사시사철 무말랭이를 만들어 먹을 수 있지만 이맘때, 단맛이 있는 가을무로 만든 무말랭이가 가장 맛이 좋습니다. 무말랭이와 궁합이 잘 맞는 가을 고춧잎을 넣어 함께 무말랭이무침을 만들면 더욱 좋습니다. 오징어채를 곁들이면 아이들도 잘 먹지요. 무말랭이무침은 보통 간장으로 하는데 저는 멸치 액젓을 찹쌀풀과 함께 넣고 김치 양념하듯이 버무려 먹으니 좋더라고요.

한살림에서 무말랭이(무말림)와 무말랭이무침(무말림무침)을 공급하니 평소 간편하게 이용해도 좋지만 김장철에는 김장하고 남은 무로 온 가족이 도란도란 이야기 나누며 함께 만들어 먹으면 좋겠네요. 최근에는 가정용 건조기로 무말랭이를 만드는 집도 있다는데, 저는 단독주택에 사는 혜택으로 옥상에서 말렸답니다. 그럼 얼마 남지 않은 한 해 마무리 잘 하세요.

제철 10~12월 / **자라는 곳** 밭 / **효능** 식이섬유 보충, 노화 방지, 골다공증 예방
어울리는 요리 무침, 조림

다양한 요리로
즐길 수 있는

무시래기

김주혜

김장들은 하셨나요? 연탄으로 난방하던 시절에는 김치냉장고도 없었고, 겨울 기운이 확연해지는 십이월에 들어서면 김장을 하고 연탄을 들여 놓으며 겨울나기 채비를 하는 것이 큰 행사였지요. 연료가 연탄에서 석유나 도시가스로 바뀌고 김치냉장고가 주방 한쪽에 자리 잡은 뒤로는 지역에 따라 다르지만 십일월 중순쯤부터 김장을 하게 된

것 같네요. 저는 강원도에 사는 친구가 절임배추를 보내 준 덕분에 김칫소만 준비해서 십일월 초순에 이미 김장을 했답니다.

김장철이면 무청이 제일 좋을 때인데 흔하다고 그냥 버리시지는 않지요? 무청으로 김치를 담그기도 하지만 말려 두면 무시래기가 된답니다. 시골에선 김장 후에 무청을 짚으로 엮어 처마 밑에 매달아 두고 무시래기로 만들지요. 잘 말리면 겨울 내내, 아니 초여름까지 먹을 수도 있답니다. 매달려 있는 무시래기를 보면 마음이 넉넉해지고 제법 운치도 있습니다. 냉동고가 넉넉하면 삶아서 냉동 보관을 해도 되지만 보통은 말려서 보관합니다. 바람이 잘 통하는 그늘에서 말리면 엽록소가 많아 푸른색 그대로 유지됩니다. 말린 후에는 잘 부서지니 조심스레 다루어야 하고요.

무시래기를 먹을 때는 푹 삶은 뒤 반나절 정도 물에 담가 둬야 합니다. 얇은 막을 벗겨서 요리를 하면 더욱 부드럽게 먹을 수 있습니다. 무시래기 요리는 참 다양합니다. 들기름에 중멸치를 볶은 뒤 된장 간을 한 무시래기를 넣습니다. 여기에 쌀뜨물을 조금 넣고 자작하게 끓이면 볶음 요리가 됩니다. 송송 썬 무시래기에 콩가루를 묻힌 뒤 된장국에 넣으면 시래기된장국이 되고요. 생선조림을 할 때, 무시래기를 바닥에 깔면 조림용 무시래기가 된답니다. 곤드레밥처럼 밥을 할 때 얹으면 시래기밥이 되고 찬바람이 불면 생각나는 감자탕에도 들어가지요. 정말 다양하지요? 무시래기에는 비타민A와 C가 풍부하며 섬유질이 많아 변비에도 좋고 칼슘, 나트륨을 함유하고 있어 골나송증에도 좋다고 하네요. 오늘 저녁, 무시래기 요리 어떠세요?

제철 10~12월 / **자라는 곳** 밭 / **효능** 간 해독, 식이섬유 보충, 다이어트
어울리는 요리 볶음, 국, 밥

무더운 여름
기운을 북돋아 주는
비름나물

김주혜 어느새 논에 심은 모들이 땅내를 맡고 가지치기를 하며 튼실한 벼로 자라고 있네요. 청주연합회의 생산자들과 한살림대전생협·한살림청주생협 조합원들이 함께한 '손 모내기 도농교류행사' 때 심은 벼들도 우리의 주식인 쌀을 공급해 주기 위해 고맙게도 앞다투어 포기를 늘리고 있겠지요?

혹시 비름나물의 다른 이름을 아시나요? 오래 먹으면 무병장수 한다고 해서 장명채(長命菜)라고 불리기도 한답니다. 가뭄에도 잘 견디고 생명력이 강해 밭이나 공휴지에서 잘 자라며 종자로 번식을 하지요. 단백질, 칼슘, 인, 나트륨, 비타민 등 각종 영양소가 풍부해 일부러 비름나물을 심어 가꾸기도 합니다. 단백질 함량이 매우 높고 필수아미노산 중에서 특히 라이신을 많이 함유해 식품가치가 높기 때문이지요.

순을 따 주면 옆에서 새순이 금방 자라 오래도록 먹을 수 있지요. 어린순은 된장국에 넣어 먹기도 하지만 식욕이 없을 때 무침을 하면 비빔밥 재료로 아주 훌륭하답니다. 참, 나물 데칠 때의 살림 지혜를 하나 알려 드릴게요. 저는 나물을 데치기 전, 끓는 물에 수저나 컵을 먼저 소독한답니다. 조금이나마 에너지를 아낄 수 있지요. 비름나물을 데친 후 식성에 맞게 간장이든 초고추장이든 소금이든 간을 해서 오늘 저녁 식탁에 올려 보시는 건 어떨까요? 저는 새콤달콤한 초고추장 무침을 해서 맛있게 먹었습니다.

여름이 깊어 갑니다. 우거진 나뭇잎 사이로 다양하게 울려 퍼지는 매미 울음소리를 잠시 시간을 내서 들어 보세요. 1주일에서 3주일을 살기 위해 3~4년 내지는 십여 년이 넘도록 땅속에서 유충인 굼벵이로 사는 매미의 생을 생각하면서….

제철 4~7월 / **자라는 곳** 들, 공터 / **효능** 염증성질환 진정, 대소변 원활, 시력 강화
어울리는 요리 무침, 겉절이, 국

춘곤증에 특효요!
씀바귀

김주혜 유치원부터 대학교까지 입학식이 시작되는 삼월입니다. 한 학년 올라감에 따라 반이 바뀌고 새로운 짝꿍도 생기겠지요. 학창 시절에는 새로운 학기를 맞아 가슴 설레던 달이기도 합니다. 삼월에는 겨울잠 자던 개구리가 따뜻한 봄볕에 잠을 깬다는 경칩도 있습니다. 이맘때면 봄볕 따라 향긋한 봄나물이 떠오르지요.

봄나물하면 노래 가사에 나오는 것처럼 달래, 냉이, 씀바귀가 으뜸인데요. 겨우내 대지의 기운을 듬뿍 받고 돋아나 우리 몸에 좋습니다. 그 중 씀바귀는 나른한 춘곤증을 이겨 내는 데 도움을 주고 폐렴, 간염, 소화불량, 피로를 풀어 주는 데에도 효과가 있다고 합니다. 씀바귀는 찬 성질을 가지고 있고 쓴맛이 강해 고채(苦菜), 씬나물, 씸배나물이라 불리기도 합니다.

씀바귀의 종류는 그리 다양하지 않습니다. 국화과이면서 흰 꽃을 피우는 흰씀바귀, 노란 꽃을 피우는 노랑선씀바귀가 있고 옆으로 뻗어 있는 뿌리줄기 모습 따라 이름 지어진 벋음씀바귀가 있지요. 보통 벋음씀바귀는 잎보다는 뿌리를 많이 먹습니다.

씀바귀는 겉절이도 해 먹을 수 있지만 데쳐서 새콤달콤한 초고추장 무침을 하면 상큼한 봄의 향기가 더욱 살아나지요. 쓴맛이 강해 데친 후 하루 이틀은 물에 담가 쓴맛을 빼내야 하는데, 입맛이 없을 경우 식욕을 돋우기 위해 그냥 드셔도 좋습니다.

제가 사는 청주지역에는 삼월 중순이 지나면 씨감자를 파종하는데요. 한살림청주 생협과 한살림생산자연합회 청주연합회의 도농교류 행사를 위해 텃밭에 심을 씨감자도 곧 준비해야 한답니다. 향긋한 봄나물을 먹으며 꼼꼼히 준비하면 석 달 후엔 팍신한 햇감자를 맛볼 수 있겠지요?

제철 3~4월 / **자라는 곳** 밭, 논둑, 들 **효능** 춘곤증 예방, 소화불량 해소, 입맛 회복
어울리는 요리 무침, 김치, 겉절이

정월 대보름
어떻게 지내셨나요?

아주까리잎

 저희 가족은 매년 다 같이 대보름날 저녁을 보냅니다. 오곡밥을 먹으며 올해의 다짐을 다시 한 번 하고 소원 성취를 빌면서 즐겁게 보냈습니다.

올해는 어머니께서 다래나물, 취나물, 아주까리잎, 고구마 줄기를 준비해 주셨습니다. 다래나물과 고구마줄기, 취나물은 알고 있었지만 아주까리잎은 처음 보았습니다. 과연 어떤 맛의

나물일지 궁금하기도 했습니다. 그리고 이 4가지의 나물들은 지난해에 말려 놓은 묵나물이었습니다. 묵나물 요리는 말려서 묵혀 놓은 것이기 때문에 특유의 나물 향이 잘 나지 않고 그냥 풀냄새만 많이 났습니다. 그래서 어떻게 만들어 먹어야 좋을지 고민이 되었습니다.

일단 물에 담갔다가 부드럽게 삶습니다. 그런 다음에 양념에 묻히는 줄 알았는데 요번에는 어머니가 할머니들께 배운 새로운 요리법을 저에게 가르쳐 주셨습니다. 일단 프라이팬에 참기름이나 들기름을 두르고 나물을 넣은 뒤 간장을 넣어서 볶습니다. 그리고 간장 양념에 멸치와 다시마, 양파 등을 끓인 국물과 들깻가루를 포인트로 뿌려서 볶았습니다. 들깻가루가 많이 들어가면 좋고 국물을 자작자작하게 약간 잠길 정도로 넣고 볶아 주니 정말 맛있는 나물이 되었습니다. 들깻가루의 고소한 맛이 포인트인 것 같았습니다.

그렇게 같은 방식으로 해서 맛있게 볶았는데 어머니, 아버지께서 동네 대보름행사에 가 버리신 바람에 집에 남은 저와 동생들 셋에서 오곡밥에 나물을 넣고 맛있게 비벼 먹었습니다. 하지만 저희 셋에서 먹는 비빔밥은 왠지 쓸쓸했습니다. 정월 대보름에는 다 같이 있어야 하는데 섭섭했습니다.

제철 4~7월 / **자라는 곳** 산, 들 / **효능** 이뇨 작용, 복통 완화, 피부염 진정
어울리는 요리 무침, 볶음

푸른 신록의
기운이 가득한

취나물

김주혜 푸른 신록의 계절 유월! 어느새 연둣빛 새순은 짙은 녹색으로 물들어 가고 있네요. 울창한 숲속에선 많은 일들이 벌어지고 있답니다. 땅속에 잠자고 있던 모든 식물들이 광합성을 하기 위해 앞다투어 쑥쑥 자라고 있고, 우리의 지친 몸에 기운을 북돋아 줄 산나물들도 잘 자라고 있지요.

산나물의 대명사인 취나물은 우리가 선호하는 나물 중에서 으뜸이지요. 우리나라에는 무려 60여 종의 취나물이 자생한다고 하네요. 그중 먹을 수 있는 취나물이 24종이나 된다고 합니다. 제가 아는 종류만 해도 이른 봄, 곰이 겨울잠에서 깨어나면서 먹는다 하여 이름 붙여진 곰취가 있고, 단오 때 즐겨 먹는 수리취떡에 들어가는 수리취, 도시락과 쌈장만 싸 가서 산에서 먹는다고 붙여진 도시락취도 있어요. 춘곤증을 이겨 내는 보약 참취에 단풍잎 모양의 단풍취, 개암취, 미역취, 병풍취 등 재미난 이름이 붙여진 취나물들이 많이 있습니다. 취나물은 알칼리성이며 단백질, 칼슘, 인, 철분, 나이아신, 비타민 등 몸에 좋은 성분도 많이 들어 있어요. 그 덕에 감기, 두통, 혈액순환, 항암 치료에도 좋다고 합니다.

저는 취나물무침을 이렇게 한답니다. 국간장, 양조간장 반반에 매실 효소 약간, 깨소금과 들기름은 듬뿍 넣어서 조물조물 무치거나 아니면 된장, 깨소금, 들기름 양념만을 넣어 만든답니다. 파, 마늘을 넣으면 취나물 고유의 향이 덜하거든요.

오늘 저녁 밥상에 향긋한 취나물 요리 어떠세요? 취나물이 올라오는 유월, 마당에는 감꽃이 떨어지네요. 저는 주택으로 이사 온 지 6년째입니다. 올해는 옛 추억을 회상하며 감꽃목걸이를 해 봐야겠어요. 듬직한 감나무가 올해도 시원한 그늘을 만들어 주겠지요? 올가을에 먹을 홍시감도 덩달아 기대되네요.

제철 4~6월 / **자라는 곳** 산, 들 / **효능** 염분 배출, 숙취 해소, 발암물질 억제
어울리는 요리 쌈, 볶음, 떡 / **한살림 나물요리** ▶ 취나물생채와 지짐이 150쪽

피로 회복에 도움을 주는
토란줄기

 계절은 어김없이 찾아오네요. 태풍이 스치고 지나간 많은 흔적들 속에 꿋꿋이 버티고 있는 우리들의 일용할 양식들! 잘 있겠지요? 황금 들녘 논에는 벼 포기 사이로 제철 만난 메뚜기들이 맘껏 누비고 다니겠지요.

문화행사가 많은 시월! 제가 일하는 한살림청주생협도 작은 음악회를 연답니다. 축하해 주실 거죠?

서론이 조금 길었네요. 이번 나물이야기 주인공은 토란입니다. 토란은 줄기와 뿌리 모두 먹을 수 있답니다. 요번 중추절엔 소고기무국에 토란을 넣어 먹어 보세요. 토란을 요리할 때는 쌀 뜨물로 데쳐야 끈적거림이 없어진답니다. 고구마처럼 삶아 먹으면 훌륭한 간식거리가 돼요.

요즈음 공급되는 생토란줄기는 쭉쭉 찢은 뒤, 햇볕에 말려 보관해 두었다 겨울에 먹으면 아주 좋답니다. 토란줄기에는 불면증에 도움을 주고 피로를 풀어 주는 천연 멜라닌 성분이 많아요. 저는 이렇게 해 먹는답니다. 삶은 토란줄기를 먹기 좋은 크기로 썰어 들깻가루를 듬뿍 넣고 약간의 마늘과 천일염으로 간을 한 뒤 볶음 요리를 하면 좋습니다. 그리고 육개장을 끓일 때 고사리 대신 넣으면 부드러운 게 식감이 괜찮더라고요. 참, 토란줄기의 껍질을 벗길 때는 알레르기가 있을 수 있으니 장갑을 꼭 착용하는 게 좋답니다.

토란꽃 꽃말이 '그대에게 행운을 드립니다'랍니다. 노란색 토란꽃 보기가 힘이 들어서 붙여진 이름이라네요. 깊어 가는 가을밤 여러분께 예쁜 토란꽃 한 송이를 보내 드립니다.

제철 8~9월 / **자라는 곳** 들, 습한 곳 / **효능** 심신 안정, 가래 해소, 피부미용
어울리는 요리 국, 무침, 볶음 / **한살림 나물요리** ▶ 토란대나물 152쪽

나물
이모저모

나물에 얽힌 많은 이야기들

나물 제대로 다루기

나물에 어울리는 양념

한살림 나물 생산자 이야기

한살림 나물

나물 달력

한살림 나물 지도

나물에 얽힌 많은 **이야기들**

길고 긴 나물의 역사, 그 시간만큼 많은 이야기가 담겨 있습니다

01 / 언제부터 나물을 먹었을까요?

아주 오래전부터 인류는 생명을 이어 가기 위해 풀과 나뭇잎을 먹었습니다. 사냥을 통해 고기를 먹기도 했지만 그보다는 주변에서 풀과 나뭇잎을 구하는 게 쉬웠습니다.

농사를 짓기 시작하며 먹을거리가 늘어난 후에도 풀과 나뭇잎을 먹는 일은 그치지 않았습니다. 문명이 발달함에 따라 그저 날로 먹던 것을 데치고 삶는 등 다채롭게 먹을 수 있게 음식 문화로 발달시키기도 했습니다. 바로, 오늘날 우리가 나물이라고 부르며 풀과 나뭇잎을 먹는 일이 그것입니다.

국립국어원의 《표준국어대사전》에서 '나물'을 찾아보면 다음과 같은 뜻이 나옵니다.

1. 사람이 먹을 수 있는 풀이나 나뭇잎 따위를 통틀어 이르는 말. 고사리, 도라지, 두릅, 냉이 따위가 있다.
2. 사람이 먹을 수 있는 풀이나 나뭇잎 따위를 삶거나 볶거나 또는 날것으로 양념하여 무친 음식.

이렇듯 사람이 먹어 온 풀이나 나뭇잎을 통틀어 나물이라고 하니, 나물의 역사는 인류의 역사와 함께해 온 것임을 알 수 있습니다.

나물의 뜻을 살펴보면 채소와 나물과 어떻게 구분되는지 궁금증이 생기기도 합니다. 《표준국어대사전》에는 채소의 뜻이 '밭에서 기르는 농작물'이라 나와 있습니다. 넓은 범위에서 채소도 나물이라 할 수 있지만 채소는 사람이 기른 것만을 가리킨다는 점에서 나물과 채소를 구분할 수 있습니다.

02 / 나물은 손맛!

나물 하면 떠오르는 맛은 무엇일까요? 고소한 맛, 삼삼한 맛, 쌉싸래한 맛 등 다양한 맛이 있지만 뭐니 뭐니 해도 나물의 대표적인 맛은 바로 손맛이 아닐까 싶습니다.

손맛은 흔히들 어머니의 맛이라고도 합니다. 가족들을 생각하며 나물을 캐고 정성껏 다듬어서 손으로 조물조물 무쳤을 때 우러나오는 맛이지요.

그런데 손맛을 내는 건 보통 힘든 일이 아닙니다. 나이가 들어 독립을 하거나 새로 가정을 꾸리게 되어 나물을 무쳐 보면 알게 됩니다. 맛있는 조리법을 찾아보고 어머니가 하시듯 맨손으로 무친다고 해서 그 맛이 나오질 않습니다. 가족을 생각하는 마음이 손끝에 전해져서 어머니의 손맛이 나온 게 아닐까라는 생각을 해 봅니다.

03 / 굶주림에서 구해 준 나물

지금은 먹을거리가 풍족한 세상입니다. 나물은 일상적으로 먹는 반찬, 계절에 따라 맛보는 별미로만 여겨집니다. 그런데 불과 100년 전으로만 시간을 거슬러 올라가도 나물은 기근을 면하게 해 주었던 먹을거리 역할을 하기도 했습니다.

과거에는 가뭄, 홍수 등 자연재해로 먹을거리가 부족할 때가 많았습니다. 가을에 수확한 곡식을 전부 먹고 햇보리가 나올 때까지의 넘기 힘든 고개라는 '보릿고개'라는 말이 괜히 생긴 게 아닙니다. 더욱이 전쟁이라도 일어난다면 기근으로 인한 사람들의 시름은 더욱 깊어질 수밖에 없었습니다.

굶어 죽기 십상이었을 때 나물이 있었습니다. 논과 밭에 먹을 것이 없으면 사람들은 들로 산으로 나섰습니다. 다행히 우리나라에는 4천여 가지에 달하는 나물이 자생하고 있었습니다. 기근 때 먹었던 대표적인 나물로 우리가 흔히 알고 있는 소나무 잎과 껍질을 비롯해 칡뿌리, 토란, 마, 삽주뿌리 등이 있습니다. 사람들은 이런 나물을 구해 죽을 쑤었고 떡을 만들어 먹어 겨우겨우 생명을 유지할 수 있었습니다.

풀뿌리 따위를 먹으면서 어떻게 연명했을까요? 그때는 어쩔 수 없이 먹던 나물이지만 오늘날 과학적으로 영양을 분석해 보니 나물은 산성화된 몸을 알칼리성으로 바꾸어 주고 우리 몸을 보하는 각종 성분을 함유하고 있어 허기를 달래 주는 먹을거리 이상이라고 합니다.

04 　고서 속의 나물

오랜 시간 나물을 먹어 온 만큼 옛 서적에도 나물에 대한 이야기가 많이 나옵니다.

조선 숙종 때 학자 홍만선이 쓴 농업책인 《산림경제山林經濟》에는 두릅나물, 숙주나물, 곰치잎 등 다양한 나물의 손질법, 조리법이 나오며 《산림경제》를 바탕으로 영조 때 학자 유중림이 쓴 농업책 《증보산림경제增補山林經濟》에는 "봄나물은 독이 없으니 먹어도 좋고, 그 종류를 다 적을 수 없을 정도로 많다"는 나물의 유익함이 적혀 있습니다.

조선 영조 때 학자 홍석모가 쓴 《동국세시기東國歲時記》에는 "묵은나물을 먹으면 다가올 여름에 더위를 타지 않는다"는 재미있는 기록도 있습니다.

조선 명종 때 왕명으로 편찬한 《구황촬요救荒撮要》에도 나물에 대한 이야기가 나옵니다. 이 책은 흉년이 들어 먹을거리가 없을 때, 굶주림을 이겨낼 수 있는 방법을 모아 놓은 책입니다. 느릅나무 껍질을 벗겨서 즙이나 떡을 만드는 법, 솔잎 죽을 만드는 법 등 나물을 통해 기근을 견디는 다양한 방법 등이 적혀 있습니다.

05 웅녀도 청백리도 나물이 좋아

우리나라 사람이라면 나물과 관련된 일화를 한 가지는 알고 있을 수밖에 없습니다. 단군신화를 모르는 사람은 없기 때문입니다. 나물과 관련된 가장 대표적인 일화는 단군신화에 나오는 100일 동안 쑥과 마늘을 먹고 사람이 된 곰 웅녀 이야기입니다. 우리 민족이 아주 오래 전부터 나물의 하나인 쑥을 먹어왔음을 짐작할 수 있습니다.

잘 알려진 이야기는 아니지만 조선시대 연산군 때 문신이었던 조원기 선생의 나물과 관련된 일화도 있습니다. 관직에 있을 때 대표적인 청백리였던 조원기 선생은 일생 동안 오이와 나물, 소금만을 먹으며 살았다고 합니다. 나물이 가지고 있는 수수한 맛과 그윽한 향이 조원기 선생에게는 청빈하고 순수한 삶을 상징했던 것 같습니다.

06 나물 속담

예부터 민간에 전해 오는 격언인 속담에는 민중의 삶과 밀접한 소재들이 많이 등장합니다. 우리 밥상에 나물이 자주 올랐던 만큼 나물에 관한 속담도 꽤 있습니다. 평소 익숙하게 사용해 왔던 나물 속담과, 그 뜻을 알면 무릎을 탁 치게 되는 나물 속담, 이게 무슨 뜻인가 싶은 나물 속담 등을 소개합니다.

그 나물에 그 밥
서로 어울리는 것끼리 짝이 되었을 경우를 두고 이르는 말

처녀 때 나물 캐듯
일을 쉽게 함을 비유적으로 이르는 말

염소 나물밭 빠댄다
식물성 음식만 먹던 사람이 모처럼 실컷 고기를 먹게 됐다는 말

호박나물에 힘쓴다
쓸데없는 일에 공연히 혼자 기를 쓰고 화를 내는 경우를 비유적으로 이르는 말 / 기골이 약한 사람이 가벼운 것을 들고도 쩔쩔맨다는 말

늙은이 호박나물에 용쓴다
도저히 힘을 쓸 수 없는 처지에 있는 사람이 힘을 쓸 듯이 자신 있게 나섬을 비유적으로 이르는 말 / 호박죽이나 호박나물이 늙은이에게 먹기 쉬울 뿐 아니라 그래도 근기가 있는 양식임을 이르는 말

도끼를 들고 나물 캐러 간다
나물을 캐기 어려운 우둔하고 무거운 도끼를 들고 나물을 캐러 간다는 뜻으로, 격에 맞지 않는 행동을 함을 비유적으로 이르는 말

07 / 나물의 효능

인터넷에 나물의 효능에 대해 검색해 보면, 많은 정보가 나옵니다. 실제로 나물의 효능이 다양하고 특별하기 때문입니다.

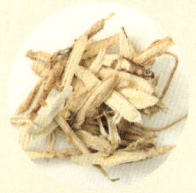

지금처럼 현대 과학이 발달하지 않았던 옛날에도 우리 조상들은 나물의 효능을 알고 현명하게 이용해 왔습니다. 민간에서는 구전으로 나물의 효능을 전하여 약재로 이용하는 경우가 많았습니다. 예를 들어 쇠무릎은 관절염에 좋다 하며 관절이 좋지 않은 사람들이 이용해 왔고 양기가 부족할 때 많이 먹었습니다. 민들레는 쓴맛이 강한 만큼 면역력을 강화하는데 좋다 하여 기운이 쇠했을 때 찾아 먹기도 했습니다.

조상들의 의학서로 널리 알려진 《동의보감東醫寶鑑》에도 다양한 나물의 효능이 나옵니다. 옛 이름이 고채인 씀바귀에 대해서는 "성질이 차고 맛이 쓰며 독이 없"고 "열기를 없애고 마음과 정신을 안정시켜 준다"고 하며 옛 이름이 독활인 땅두릅에 대해서는 "중풍으로 목이 쉬고 입과 눈이 비뚤어진 것을 잡아 주고 온몸에 감각이 없고 힘줄과 뼈가 아프면서 저린 것"에 도움을 준다는 내용이 적혀 있습니다.

오늘날에 나물은 알칼리성식품으로 주목 받고 있습니다. 일반적으로 육류, 생선류, 달걀류는 산성식품입니다. 많이 먹을수록 우리 몸은 산성화되는데, 나물은 산성화된 우리 몸이 알칼리성화 될 수 있게 도움을 줍니다. 사람의 체액은 약알칼리성을 띄는 게 건강에 좋기 때문에 많은 식품학자들이 밥상에 나물을 자주 올리기를 권하고 있습니다.

또한, 나물은 열량이 낮은 식품으로 체중관리에도 도움을 주는 먹을거리로 각광을 받고 있습니다.

그 외에도 개별 나물들을 하나하나 살펴보면 다양한 효능이 있음을 알 수 있습니다. "무엇을 먹는가가 바로 그 사람이 누구인지 결정한다."는 말처럼 나물을 가까이 하는 식생활을 하면 건강한 삶을 누릴 수 있을 것입니다.

나물 제대로 다루기

나물 요리가 처음이라고요?
채취부터 조리까지 모든 것을 알려 드립니다

01 / 채취법

| 복장 |

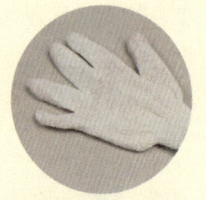

나물하러 갈 때는 먼저 복장을 갖추는 게 좋습니다. 보통 산에 갈 때처럼 옷을 입으면 됩니다. 날이 덥더라도 반팔 보다는 긴팔을 입어야 몸이 가시에 닿지 않고 나뭇가지에 걸렸을 때 상처가 나지 않습니다. 햇빛을 가리기 위해 모자나 두건을 쓰고, 신발은 등산화도 좋지만 뱀에 물리는 것을 피하기 위해 발목까지 올라오는 장화를 준비하면 더욱 좋습니다. 장갑은 필수입니다.

| 준비물 |

먼저, 나물 채취할 때 사용할 작은 칼이나 도구를 챙겨야 합니다. 손으로 채취하다 보면 나물이 상하기 쉽고 무리하게 나물을 뜯다가 나물 뿌리에 상처를 낼 수도 있습니다. 혹시나 길을 잃어 생각보다 오랜 시간 산에 머물 수도 있으니 배낭 속에 도시락과 각종 간식, 물을 꼭 챙겨야 합니

다. 인솔자가 없다면 나물 생김새를 확인할 수 있게 한 손에 들어오는 작은 나물도감을 챙겨도 좋습니다.

| 채취 |

요즘은 들판에서 나물을 찾기가 어려워 나물을 캐러 산으로 가는 경우가 많습니다. 하지만 국립공원에서 허가 받지 않고 나물을 캐는 건 금지되어 있습니다. 또한, 특산식물 보존지역인지, 마을의 누군가가 상업적인 목적으로 나물을 재배를 하는 곳인지도 살펴야 합니다. 나물이 군락을 이루고 있다고 해서 무조건 캐면 안 됩니다. 어린 나물은 자연보호 차원에서 남겨 두어야 합니다. 다시 말해 선별해서 채취를 하고 그 군락이 유지될 수 있도록 주의해야 합니다.

02 / 손질법

| 나물 고르기 |

나물은 색이 선명하고 잎이 너무 크거나 억세지 않으며, 탄력이 있는 것을 고르면 좋습니다. 나물 특유의 향이 나는지도 꼼꼼하게 살펴봐야 합니다. 나물 향기가 고스란히 느껴진다면 싱싱하다는 증거입니다.

| 다듬기 |

나물에 붙어 있는 잡풀이나 흙을 잘 털어 내고, 누런 떡잎을 떼어 냅니다. 줄기를 만져서 너무 딱딱하거나 억센 것도 제거합니다.

| 씻기 |

큰 그릇에 물을 많이 받아 놓고 살살 헹구듯이 씻는 게 좋습니다. 수도꼭지를 틀어 놓고 씻으면 물살에 나물이 쉽게 상할 수 있습니다.

| 데치기 |

끓는 물에 소금을 넣고 냄비 뚜껑을 연 상태에서 센 불에 재빨리 데쳐 내야 영양분 손실이 적습니다. 또 한 번에 냄비에 넘치지 않게 적당량을 넣고 데칩니다. 한꺼번에 많은 양을 넣으면 물 온도가 낮아져 빨리 데쳐지지 않고 색깔이 쉽게 변합니다. 데치고 나서는 찬물에 가볍게 헹구는 정도로만 씻어야 좋습니다.

| 묵나물 손질하기 |

묵나물은 충분히 불린 다음 소금을 넣은 물에 알맞게 삶아 냅니다. 말린 상태에 따라 불리고 삶는 시간에 차이가 있으니 불리는 중간중간 상태를 꼭 확인합니다. 물 대신 쌀뜨물에 삶으

면 묵나물 특유의 냄새 제거에 좋습니다. 묵나물은 삶은 후 충분히 우려내고 여러 번 헹궈야 특유의 냄새가 없어집니다. 섬유질 부분을 벗겨야 더 부드러우며 불린 후 너무 꼭 짜지 않아야 양념이 잘 뱁니다. 여름이나 실내 온도가 높은 경우, 나물을 불리고 우려낼 때 상하지 않도록 냉장실에 두면 좋습니다.

03 / 보관법

| 냉장법 |

생나물을 보관하는 가장 기본 방법은 냉장법입니다. 나물을 종이타월로 감싸고 신문지로 한 번 더 싼 후 비닐팩에 담습니다. 이대로 냉장실에 넣으면 일주일 정도 보관할 수 있습니다.

| 냉동법 |

나물을 오래 보관하는 방법으로 냉동법이 있습니다. 나물을 데친 후에 물기를 짜지 않고 그대로 건져 냅니다. 여분의 수분까지 얼려야 나중에 수분이 빠져 질겨지지 않습니다.  한 번에 사용할 분량만큼 용기에 담아 냉동하면 요리할 때 편리합니다.

| 건조법 |

실내와 실외, 공간에 따라 건조법이 달라집니다. 실내에서 말릴 때는 햇빛이 잘 드는 창가에 창문을 열고 말립니다. 실외에서 말릴 때는 채반에 널어서 햇빛이 잘 들고 통풍이 잘 되는 곳에 둡니다. 요즘은 건조기를 이용해 말리는 경우도 있습니다. 건조할 때 주의할 점은 온도와 습도가 너무 높거나 낮으면 나물에 곰팡이가 생길 수 있다는 것입니다. 데친 나물은 데친 뒤 헹구지 않고 그대로 건조시킵니다. 헹궈서 건조시키면 벌레가 생길 수도 있습니다.

04 / 조리법

| 생나물 |

생나물을 맛있게 먹는 방법은 간단합니다. 깨끗이 씻어서 그대로 먹거나 나물 특유의 쌉싸래한 향을 충분히 느낄 수 있도록 양념을 강하지 않게 최소한으로 하는 것입니다. 생나물을 데쳤을 때 물기를 너무 꽉 짜면 질겨지므로 주의해야 합니다. 나물 양념은 나물을 먹기 직전에 하는 것이 좋고 양념을 넣을 때는 설탕, 소금, 식초, 기름 순으로 넣습니다.

| 묵나물 |

묵나물은 요리를 하기 전에 깨끗이 씻고 불리는 과정을 반드

시 거쳐야 합니다(나물 손질법 참고). 묵 나물로는 볶음 요리를 해 먹는 경우가 많습니다. 묵나물을 볶을 때는 먼저 나물을 양념에 조물조물 무칩니다. 그리고 10분쯤 그대로 두었다 달군 냄비에 들기름을  두르고 묵나물을 넣어 볶습니다. 볶은 나물에 육수(다시마, 표고, 멸치 등을 우린 물)를 부은 뒤 뚜껑을 닫고 무르게 뜸을 들입니다. 어느 정도 뜸이 들면 뚜껑을 열고 수분이 날아가도록 볶아 줍니다.

나물에 어울리는 **양념**

나물 양념,
네 가지만 알면 쉽지요

01 / 된장 양념

된장 1큰술, 조청 1/2큰술,
다진 마늘 1작은술, 참기름 2작은술

된장 양념은 봄나물에 부족한 단백질 성분을 보충해 주며 봄나물과 음식 궁합이 잘 맞습니다. 나물의 향은 그대로 유지하면서 깊은 맛을 내 냉이, 유채나물 등과 잘 어울립니다.

02 / 고추장 양념

고추장 1큰술, 식초 2작은술,
설탕 1작은술, 고춧가루 1작은술,
다진 파 2작은술, 다진 마늘 1큰술,
참기름 1작은술, 통깨 1작은술

다른 양념에 비해 맛이 강한 고추장 양념은 매우면서 달콤한 맛으로 많은 사람들이 좋아합니다. 돌나물과 씀바귀같이 쓴맛이 나는 나물에 사용하면 좋습니다.

※ 양념 계량은 한살림에서 공급하는 된장, 고추장, 액젓, 간장을 사용하는 것을 기본으로 합니다.

03 / 액젓 양념

멸치 액젓 1큰술, 고춧가루 1큰술,
다진 마늘 1작은술, 다진 파 1작은술,
깨소금 1큰술, 설탕 1/2작은술,
참기름 2작은술

 액젓 양념은 봄동이나 부추, 참나물 등 익히지 않은 상태의 생나물을 가볍게 버무려 먹기에 좋은 양념입니다.

04 / 간장 양념

국간장 2작은술, 다진 파 1큰술,
다진 마늘 1작은술, 통깨 1작은술,
들기름 1큰술

 간장 양념은 나물의 깊은 맛을 낼 때 많이 씁니다. 시금치, 취나물을 무치거나 묵나물을 볶을 때 주로 사용합니다.

한살림 나물 생산자 이야기 1
봄 내음 가득,
쑥을 전합니다

이순운·장진주, 아들 우준 / 전남 해남 참솔공동체 생산자 가족

입춘 지났다지만 미처 땅이 녹지 않은 이른 봄. 부지런한 농부들도 밭에 두엄을 뿌리거나 농기구를 손질하는 게 고작인데, 누런 덤불 사이로 올라오는 봄을 캐는 이들이 있습니다.

"겨우내 땅에 뿌리박고 생명을 품고 있던 것들이라 쑥향이 무척 진해요." 방금 캔 쑥을 보여주며 두 생산자는 말합니다. 크기가 3~4cm 정도에 불과하지만 그 향긋한 내음은 추위에 움츠려 있던 몸의 감각들을 깨울 정도입니다.

2010년 고향으로 귀농한 이순운·장진주 생산자 부부는 농사짓는 이도 적고, 생명력이 강하다는 생각에 쑥 농사를 시작했습니다.

하지만 들판에서 쑥 농사를 짓는 일은 예상보다 고됐습니다. 수확하는 3~4월 외에는 잡초를 뽑아 주며 꼬박 열 달 동안 밭 관리를 해야 했고 듬성듬성 나는 쑥을 칼로 일일이 수확해야 했습니다.

벅찰 정도로 힘이 드는 순간에는 유기농으로 땅과 사람을 살리자고 마음먹었던, 한살림을 시작하던 때를 생각하며 기운을 냈습니다.

"조합원들이 쑥을 받고 봄을 느끼는 순간이 가장 중요하다"며 두 생산자는 목소리에 힘을 줍니다. "바로 그 순간이 생산자와 소비자, 그리고 온 우주가 하나가 되는 순간이니까요."

한살림 나물 생산자 이야기 2

물 좋은 한재마을에서 기르는
한재미나리

이해숙·김성기 / 경북 청도 한고을공동체 생산자 부부

　경북 청도군과 밀양시 경계에 있는 화악산 자락에 한재마을이 있습니다. 예부터 물이 풍부하고 인근 마을에서 일부러 떠갈 정도로 물 좋기로 소문난 곳입니다. 이곳에는 소문난 물을 흠뻑 먹으며 자라는 미나리가 있습니다. 이해숙·김성기 생산자 부부의 한재미나리입니다.

　한재미나리는 특유의 아삭함을 맛볼 수 있도록 기르는 게 참 힘든 농사입니다. 핵심은 바로 물입니다. 한재미나리가 뿌리를 내리고 본격적으로 자라기 시작하면 물대기를 시작합니다. 보통 미나리는 수확 때까지 물이 꽉 찬 채로 기르지만 한재미나리는 한동안은 물을 넣고 또 한동안은 물을 빼는 작업을 반복합니다. 손이 많이 가고 번거로운 작업이지만 이 과정을 거쳐야 아삭아삭한 한재미나리를 만날 수 있습니다.

　더욱이 유기농으로 기르니 어려움은 배가 됩니다. 진딧물이나 청벌레 같은 해충이 발생해 미나리를 갉아먹기도 합니다. 이를 방지하기 위해 쌀뜨물과 음식물 찌꺼기로 만든 액비와 생선 액비를 사용하고 있습니다.

　거의 매일 물을 가까이 하기에 장화를 벗는 날이 얼마 없지만 환하게 웃으며 말합니다. "그래도 저희 부부는 행복해요. 맛있게 먹어 주는 한살림 조합원들이 계시잖아요."

한살림 **나물**

한살림에서 만나는
맛있는 나물들

곤드레잎

연한 곤드레 잎과 순을 공급합니다. 소금과 들기름으로 무친 뒤 쌀에 앉혀 밥을 하면 맛있는 곤드레밥이 됩니다.

곰취

곰이 먹는 나물이라 해 이름이 붙여졌습니다. 가볍게 데치거나 그냥 씻어 채반에 놓고 잡곡밥 쌈을 싸 먹으면 별미입니다.

냉이

봄을 알리는 향긋한 나물입니다. 된장국에 넣어 먹거나 고추장 양념에 무쳐 먹으면 더욱 맛있게 즐길 수 있습니다.

달래

특유의 알싸한 맛을 느낄 수 있습니다. 된장찌개에 넣어 먹거나 양념장을 만들면 좋습니다.

돌나물

새콤한 맛과 향이 좋습니다. 생으로 갖은 양념을 해 먹거나 샐러드, 물김치 등을 만들어 먹으면 좋습니다.

땅두릅

산뜻한 향이 식욕을 돋워 주고 심신을 상쾌하게 만들어 줍니다. 데쳐서 고추장에 찍어 먹거나 무쳐서 먹으면 좋습니다.

산두릅

풋풋하고 싱그러운 향기가 오래가는 산두릅입니다. 살짝 데쳐서 회로 먹거나, 고추장 양념에 살살 버무려 먹으면 좋습니다. 두릅전으로도 좋습니다.

머위대

특유의 향이 나는 머위대는 껍질을 얇게 벗겨 손질을 해야 합니다. 끓는 물에 살짝 데쳐서 초고추장에 찍어 먹으면 좋습니다. 들깨가루를 넣고 볶아 먹기도 합니다.

명이나물

높은 지대에서 자라는 산마늘잎을 명이나물이라 부릅니다. 울릉도 특산물로 유명합니다. 고기와 함께 쌈으로 먹거나 무침, 절

잎, 김치 등으로 먹으면 좋습니다.

반디나물

반디나물은 미나리과에 속하는 나물로 샐러리와 미나리를 합친 듯한 향이 납니다. 쌈, 튀김, 물김치 등 다양한 요리에 어울립니다.

비름나물

담백한 맛이 좋은 비름나물입니다. 살짝 데친 후에 매콤하게 무쳐먹거나 고기를 먹을 때 쌈으로 이용하면 좋습니다.

산나물모음

취나물, 우산나물, 꽃나물, 미역취, 비비추 등 다양한 산나물을 담았습니다. 끓는 물에 알맞게 데쳐 쌈으로 먹으면 좋습니다.

생취나물

향긋하고 알싸한 맛이 입맛을 살려줍니다. 살짝 데쳐서 무쳐 먹거나, 쌈채소, 된장국 재료 등으로도 잘 어울립니다.

쑥

밥상에 봄내음을 가져다주는 쑥입니다. 된장국을 끓이거나 전을 부쳐 먹으면 입맛이

살아납니다.

유채나물

꽃이 피지 않은 유채의 연한 줄기와 잎을 채취했습니다. 된장 양념을 해서 먹으면 좋고, 그 외에 다양한 양념으로 무쳐 먹어도 좋습니다.

참나물

고지대에서 자생한 참나물을 채취했습니다. 향미가 좋아 물에 씻어 쌈으로 먹거나 나물로 무쳐 먹으면 자연의 신선함을 느낄 수 있습니다.

고구마순

제철에 자란 어린 줄기만을 수확해 연하고 부드럽습니다. 나물로 무쳐 드시거나 생선조림, 된장찌개 등에 넣어 먹으면 좋습니다.

더덕

특유의 깊은 맛과 향이 일품인 더덕입니다. 고추장 양념을 매콤하게 무침을 하거나 양념에 재웠다가 구이를 해도 좋습니다.

생도라지

3년근 생도라지를 껍질째로 공급합니다.

나물을 해서 먹어도 좋고, 감기에 자주 걸리는 사람은 달여서 도라지 물을 마시면 좋습니다.

마(둥근마)
'산약'이라 부를 정도로 한약재나 건강식품으로 많이 이용됩니다. 달여서 매일 차처럼 마시거나 죽을 만들어 먹으면 좋습니다.

생토란줄기
토란의 줄기를 수확하여 공급합니다. 간장 양념을 해 토란대나물을 만들면 토란대 특유의 고소한 맛과 향을 즐길 수 있습니다.

씀바귀
씀바귀 뿌리 부분을 손질하여 공급합니다. 고유의 쓴맛이 입맛을 돋워 줍니다. 새콤한 양념을 만들어 무쳐 먹으면 좋습니다.

무말림
한살림 생산지에서 기른 무를 무말림으로 만들었습니다. 꼬들꼬들한 식감이 특징으로 고춧가루를 넣고 무말랭이무침을 만들어 먹으면 좋습니다.

무시래기

무를 수확한 뒤 무청을 삶아서 햇볕에서 깨끗하게 말렸습니다. 된장과 함께 나물로 무치거나 국이나 탕을 끓일 때 넣어 먹으면 좋습니다.

뽕잎나물

뽕나무의 새순을 수확하여 스팀으로 살짝 찐 후에 저온 건조했습니다. 깊고 진한 맛이 좋으며 물에 불려서 나물을 만들어 먹으면 좋습니다.

아주까리말림

'피마자'라고도 불리는 아주까리잎을 깨끗이 씻은 후 데쳐서 말렸습니다. 아린 맛이 강해 요리를 하시기 전에 물에 담가 두었다가 이용해야 좋습니다.

한재미나리

경북 청도 한재지역에서 기른 미나리로 아삭아삭한 식감이 좋습니다. 무침을 만들거나 고기를 먹을 때 쌈을 싸서 먹으면 좋습니다.

나물 달력

제철에 먹는 나물이
제일 맛있어요

나물 / 제철	1월	2월	3월	4월	5월	6월	7월	8월	9월	10월	11월	12월
냉이		2~3월								10~11월		
달래		2~4월										
별꽃		2~6월										
씀바귀			3~4월									
원추리			3~4월									
다래순			3~4월									
짚신나물			3~5월									
민들레			3~5월									
오갈피나무			3~5월									
구기자			3~5월									
방풍나물			3~5월									
꽃다지			3~5월									
머위			3~6월									
광대나물			3~6월									
명아주				4~5월								
돌나물				4~5월								
풀솜대				4~5월								
비비추				4~5월								
두릅				4~5월								
삽주나물				4~5월								
달맞이꽃				4~5월								

※ 나물 채취 시기는 지역마다 차이가 있습니다.

나물 / 제철	1월	2월	3월	4월	5월	6월	7월	8월	9월	10월	11월	12월
고들빼기				4~5월					9~10월			
우산나물				4~6월								
참나물				4~6월								
취나물				4~6월								
고사리				4~7월								
비름나물				4~7월								
아주까리잎				4~7월								
개망초				4~8월								
왕고들빼기				4~8월								
쇠비름				4~8월								
곤드레				4~9월								
괭이밥				4~9월								
초롱꽃				4~10월								
쇠무릎						6~7월						
잔대나물						6~9월						
가막사리							7~8월					
고구마줄기							7~10월					
토란줄기								8~9월				
무말랭이										10~12월		
무시래기										10~12월		
더덕							연중					

한살림 나물 지도

전국 방방곡곡
나물향이 물씬 납니다

강원	1	원주	뽕잎나물
	2	정선	명이나물
	3	평창	산두릅, 참나물
	4	홍천	곤드레, 냉이, 달래, 명이나물, 더덕, 마, 씀바귀, 애호박말림
	5	횡성	곰취, 머위대, 생취나물, 더덕, 생도라지, 무시래기, 무말림
경기	6	양평	비름나물, 생취나물, 생도라지, 마
	7	여주	고구마순
	8	이천	마
충남	9	논산	머위대
	10	부여	땅두릅, 애호박말림
	11	아산	달래, 생토란줄기, 아주까리말림, 애호박말림, 토란줄기말림
충북	12	청주	돌나물 머위대, 고구마순, 마, 반디나물
	13	괴산	씀바귀
경북	14	상주	산나물모음
	15	청도	한재미나리
경남	16	남해	말린고사리
전북	17	부안	냉이
전남	18	진도	무말림
	19	함평	쑥
	20	해남	쑥, 무말림
제주	21	제주도	유채나물, 무말림

한살림 나물요리는
한살림 요리 사이트(yori.hansalim.or.kr)와 요리앱 "한살림 요리"에서 확인할 수 있습니다.

한살림
나물
요리

고구마순볶음

곤드레밥과 달래장

냉이바지락볶음

돌나물사과무침

대보름비빔밥

별꽃나물무침

취나물생채와 지짐이

토란대나물

한살림
나물
요리

한살림 요리 웹페이지에서도 볼 수 있습니다.
yori.hansalim.or.kr

간단 제철 밑반찬
고구마순 볶음

요리 재료   고구마순 300g, 들기름 1큰술, 현미유 1큰술, 다진 마늘 1큰술, 다진 파 1큰술, 홍고추 1개, 어간장 1큰술, 통깨 1작은술

한살림 장보기 온라인 사이트를 활용해 보세요. shop.hansalim.or.kr

한살림 장보기	들기름 160ml	다진마늘 200g	제주전통어간장 500ml
	현미유 500ml		

나물요리 / 01 고구마순볶음

요리·사진 강미애(한살림요리학교 강사)

요리방법

1. 고구마순은 껍질을 벗겨 소금 1큰술을 넣고 삶는다. 껍질을 벗기기 힘들 땐 삶아서 껍질을 벗기면 쉽다. (소금물에 담갔다 벗기면 잘 벗겨진다.)
2. 1을 먹기 좋은 길이로 썬다.
3. 팬에 들기름과 현미유를 두르고 다진 마늘을 볶다가 2를 넣이 함께 볶아 준다.
4. 다진 파, 어간장, 홍고추, 통깨를 넣고 마무리한다.

한살림 요리 웹페이지에서도 볼 수 있습니다.
yori.hansalim.or.kr

기분까지 향긋한 밥 한 그릇
곤드레밥과 달래장

요리재료 곤드레나물/냉동 200g, 불린 쌀 3컵, 물 3컵, 들기름 1큰술, 소금 1/2작은술

[달래장] 달래 10가닥 정도, 간장 3큰술, 고춧가루 1큰술, 설탕 1작은술, 깨소금 1큰술, 참기름 약간, 물 1큰술

한살림 장보기 온라인 사이트를 활용해 보세요. shop.hansalim.or.kr

한살림 장보기
달래 100g   볶은참깨 500g   곤드레나물/냉동 400g
참기름 330ml 고춧가루/유 500g 진간장 900ml(원액간장)
들기름 330ml

나물요리 / 02 곤드레밥과 달래장

요리 채송미(한살림요리학교 강사)　**사진** 김재이

요리 방법

1. 곤드레나물은 해동한 뒤 적당한 길이로 썰어 들기름, 소금으로 버무린다.
2. 밥솥에 불린 쌀과 분량의 물, 1의 곤드레나물을 넣고 밥을 한다.
3. 달래를 잘게 썰고 분량의 양념을 섞어 양념장을 만든다.
4. 2의 밥과 3의 달래장을 함께 낸다.

한살림 요리 웹페이지에서도 볼 수 있습니다.
yori.hansalim.or.kr

향긋한 향, 매콤한 맛이 매력적인
냉이바지락 볶음

요리재료 냉이 100g, 자연산참바지락 350g, 건고추 1개, 대파 1/2대, 마늘 2톨, 생강 1톨, 어간장 또는 액젓 1큰술, 소금, 현미유 2큰술, 소금, 후춧가루 약간

한살림 장보기 온라인 사이트를 활용해 보세요. shop.hansalim.or.kr

한살림 장보기
냉이 200g	대파 700g	자연산참바지락 350g
건고추/유 150g	현미유 900ml	깐마늘(난지형)/유 300g
생강 300g	볶은소금 1kg	제주전통어간장 500ml

나물요리 / 03 냉이바지락볶음

요리 채송미(한살림요리학교 강사) 사진 김재이

요리 방법

1 마늘과 생강, 대파는 채를 썰고 건고추는 가위로 자른다.
2 살짝 달군 팬에 현미유를 두르고 건고추와 생강채, 마늘채, 대파채를 넣고 달달 볶는다.
3 2에 손질한 냉이와 해감한 바지락을 넣고 센 불에서 볶는다.
4 3에 어간장으로 간을 하고 모자라는 간은 소금과 후추로 한다.

요리 정보

스파게티면을 삶아 함께 볶으면 색다른 봉골레 파스타가 된다.

한살림 요리 웹페이지에서도 볼 수 있습니다.
yori.hansalim.or.kr

입맛 돋우는 상큼함
돌나물 사과무침

요리재료

돌나물 200g, 사과 1/4개, 양파 1/4개

[양념장] 사과 1/4개, 사과농축액 1큰술, 고추장 2큰술, 식초 2큰술

한살림 장보기 온라인 사이트를 활용해 보세요. shop.hansalim.or.kr

한살림 장보기

사과/무 1.5kg	양파 2kg	고추장(성미) 0.9kg
돌나물 200g	감식초 375ml	사과농축액 500g

나물요리

04 돌나물사과무침

요리·사진 채송미(한살림요리학교 강사)

1. 돌나물은 깨끗이 씻어 물기를 빼고 사과, 양파는 채 썬다.
2. 양념에 들어갈 사과는 껍질을 벗기고 강판에 갈아서 준비한다.
3. 양념에 2의 강판에 간 사과와 사과농축액, 고추장, 식초를 섞어 양념장을 만든다.
4. 1에 3의 양념을 넣고 살랑살랑 버무려 낸다.

한살림 요리 웹페이지에서도 볼 수 있습니다.
yori.hansalim.or.kr

온몸이 기지개를 켜는 맛
대보름 비빔밥

요리 재료 말린 나물(삶은 고사리, 삶은 무시래기, 가지말림, 토란줄기말림, 호박말림, 도라지, 말린 취나물 등), 물(육수), 현미유

[양념] 조선간장, 참기름, 깨소금, 다진 마늘

한살림 장보기 온라인 사이트를 활용해 보세요. shop.hansalim.or.kr

한살림 장보기			
	가지말림 100g	삶은고사리 200g	삶은무시래기 200g
	참기름 160ml	현미유 500ml	조선간장(재래식간장) 0.9ℓ

요리 채송미(한살림요리학교 강사) 사진 김재이

05 대보름비빔밥

요리 방법

1. 말린 나물은 각각 물에 담가 불린다.
2. 1을 물이나 쌀뜨물에 무르도록 삶는다.
3. 3~4회 잘 헹구어 물기를 꼭 짜 먹기 좋은 크기로 자른 뒤 각각 양념한다. 삶아서 데친 나물 100g을 기준으로 조선간장 2작은술, 참기름 1/2큰술, 다진 마늘 1작은술을 넣고 기호에 맞게 가감한다.
4. 팬에 현미유를 두르고 3의 나물을 넣고 볶다가 육수나 물을 부어서 국물이 없어질 때까지 볶는다.

한살림 나물요리

한살림 요리 웹페이지에서도 볼 수 있습니다.
yori.hansalim.or.kr

야생나물 특유의 향이 가득한
별꽃나물 무침

요리재료 데친 별꽃나물 250g, 된장 2큰술, 조청 1큰술, 다진 마늘 2작은술, 참기름 1큰술, 깨소금 1큰술

한살림 장보기 온라인 사이트를 활용해 보세요. shop.hansalim.or.kr

한살림 장보기
참기름 330ml   조선된장 0.9kg   다진 마늘 200g
쌀조청 500g

나물요리 / 06 별꽃나물무침

요리·사진 채송이(한살림요리학교 강사)

요리
방법

1 별꽃은 잘 다듬은 후 끓는 물에 소금을 넣어 2분간 데친 후 차가운 물에 2~3회 헹궈서 물기를 뺀다.

2 물기를 뺀 나물을 2~3cm 길이로 자르고 양념을 넣어 조물조물 무친 뒤 예쁘게 담아낸다

한살림 요리 웹페이지에서도 볼 수 있습니다.
yori.hansalim.or.kr

향긋함과 고소함의 조화
취나물생채와 지짐이

요리재료 생취나물 300g, 양파 1/2개, 팽이버섯 50g, 흰밀가루 100g

[양념] 까나리액젓 1큰술, 어간장 1작은술, 매실청 2큰술, 토마토식초 2큰술, 마늘 1작은술, 고춧가루 2/3큰술, 통깨 1/2큰술

[지짐이 반죽] 흰밀가루 100g, 찬물 조금, 소금 1작은술

한살림 장보기 온라인 사이트를 활용해 보세요. shop.hansalim.or.kr

한살림 장보기

생취나물 300g	양파 1kg	깐마늘(난지형)/유 300g
팽이버섯 150g	흰밀가루 1kg	고춧가루/유 500g
토마토식초 395ml	까나리액젓 1kg	제주전통어간장 500ml

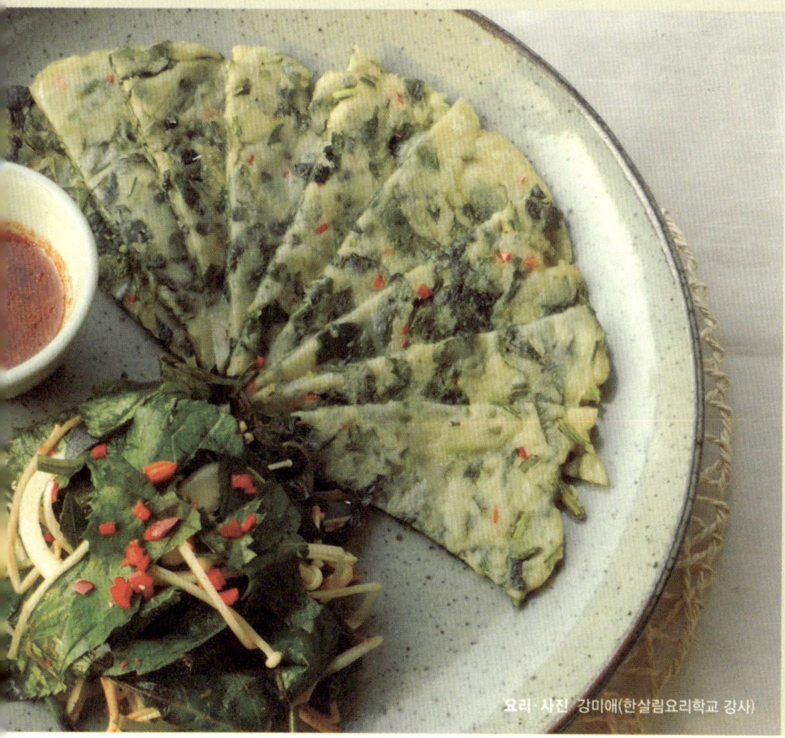
요리·사진 강미애(한살림요리학교 강사)

요리 방법

1 생취나물은 씻어 억센 줄기는 잘라 내고 뜨거운 물을 부어 숨을 죽인다.

2 양파는 채 썰고 팽이버섯은 밑동만 잘라 낸 뒤 양념장을 만들어 취나물과 무쳐 준다.

3 지짐이 반죽에 취나물 100g은 송송 썰어 넣고 팬에 부친다.

4 접시에 3과 2를 함께 담아낸다.

한살림 요리 웹페이지에서도 볼 수 있습니다.
yori.hansalim.or.kr

투박한 듯 깊은 맛
토란대나물

요리재료 토란대 1봉지(500g), 양파 1/4개, 국간장 1큰술, 들깻가루 2큰술, 들기름 2큰술, 다진 마늘 1큰술, 소금 약간

한살림 장보기 온라인 사이트를 활용해 보세요. shop.hansalim.or.kr

| 한살림 장보기 | 생토란줄기 500g | 들깨가루 200g | 제주전통어간장 500ml |
| | 양파 1kg | 볶은소금 1kg | 다진마늘 200g |

요리 사진 백정선(한살림요리학교 강사)

요리 방법

1. 토란대는 끓는 소금물에 데친 후 찬물에 하루 이상 담가 아린 맛을 빼준다.
2. 1의 토란대는 껍질을 벗기고 길이 방향으로 먹기 좋게 찢어 물기를 꼭 짠다(장갑 착용).
3. 양파는 채 썰어 둔다.
4. 토란대에 국간장, 들기름, 마늘을 넣고 조물조물 무친다.
5. 냄비에 4의 토란대를 담고 중불에서 볶다가 양파와 들깻가루를 넣고 소금으로 간을 맞춘다. 국물이 되직하면 물을 약간 넣고 조절한다.

나물 찾기

ㄱ

가막사리 40 쪽
개망초 44 쪽
고구마순볶음 138 쪽
고구마와 고구마줄기 70 쪽
고들빼기 72 쪽
고사리 74 쪽
곤드레 76 쪽
곤드레밥과 달래장 140 쪽
광대나물 48 쪽
괭이밥 46 쪽
구기자 42 쪽
꽃다지 50 쪽

ㄴ

냉이 78 쪽
냉이바지락볶음 142 쪽

ㄷ

다래순 14 쪽
달래 80 쪽
달맞이꽃 52 쪽
대보름나물 84 쪽
대보름비빔밥 146 쪽
더덕 82 쪽
돌나물 86 쪽
돌나물사과무침 144 쪽
두릅 16 쪽

ㅁ

머위 88 쪽
명아주 54 쪽
무말랭이 90 쪽
무시래기 92 쪽
민들레 56 쪽

ㅂ

방풍나물 58 쪽

별꽃 60 쪽

별꽃나물무침 148 쪽

비름나물 94 쪽

비비추 18 쪽

ㅅ

삽주나물 20 쪽

쇠무릎 62 쪽

쇠비름 64 쪽

씀바귀 96 쪽

ㅇ

아주까리잎 98 쪽

오갈피나무 22 쪽

왕고들빼기 66 쪽

우산나물 24 쪽

원추리 26 쪽

ㅈ

잔대나물 28 쪽

짚신나물 30 쪽

ㅊ

참나물 32 쪽

초롱꽃 34 쪽

취나물 100 쪽

취나물생채와 지짐이 150 쪽

ㅌ

토란대나물 152 쪽

토란줄기 102 쪽

ㅍ

풀솜대 36 쪽

도서출판 한살림이 펴낸 책

죽임의 문명에서 살림의 문명으로
– 한살림선언·한살림선언 다시읽기

모심과살림연구소 엮음 | 178면 | 값 8,000원

1부에는 '한살림선언' 전문을, 2부에는 2008년 모심과살림연구소가 진행한 '한살림선언 다시읽기' 토론회에서 논의한 내용을 실었다. 1989년 발표한 후 20년이 지났지만 현재까지도 유효한 '한살림선언'의 문명사적 통찰과 철학을 '다시 새롭게' 우리 모두의 것으로 살려 내려는 시도다.

지역을 살리는 협동조합 만들기 7단계

그레그 맥레오드 지음 | 이인우 옮김 | 128면 | 값 9,800원

지역사회 협동조합에 대한 역사와 경험이 풍부한 캐나다 지역에서 직접 협동조직체를 만들고 오랜 기간 운영해 본 지은이가 경험을 기반으로 지역사회에서 협동조합을 만들 때 필요한 과정을 7단계로 구분하여 소개한다. 함께할 사람을 모으는 일부터 시작해서 단계별로 놓치지 말아야 할 핵심 원칙들을 성공과 실패 사례들을 통해 미리 예상할 수 있다. 협동조합을 식물에 비유하면서 상호 연대와 협력의 필요성을 강조한 지은이의 이야기에 주목할 필요가 있다.

살리는 사람 농부

김성희 지음 | 304면 | 값 14,000원

2008년부터 2011년까지 계간지 《살림이야기》에 실린 한살림생산자들의 이야기를 모아 펴냈다. 생명의 땅을 일구어 씨를 뿌리고 가축을 키우는 사람들, 사람과 자연이 조화롭게 살아가는 길을 삶으로 보여주는 농부들의 이야기이다.

자본주의를 넘어
– 프라우트 : 지역공동체, 협동조합, 경제민주주의, 그리고 영성

다다 마헤슈와라난다 지음 | 다다 첫따란잔아난다 옮김 | 584면 | 값 18,000원

자본주의가 스스로 몰락한 다음에 올, 대안의 사회·경제 체제를 이야기하는 책. 자본주의 시장경제는 인간에게 고통을 가중하고 자연을 파괴하며 결국에는 스스로의 존립 기반까지 무너뜨린다. 지은이는 농업과 협동조합에 기반한 지역 자립의 공동체와 영성을 중심으로 한 새로운 사회체제를 자본주의 이후의 대안으로 제시하고 있다.